Chinese Chrysanthemum Cultural Activities

# 中国菊花文化活动集萃

中国风景园林学会菊花分会　编

刘　英　主编

中国建筑工业出版社

**图书在版编目（CIP）数据**

中国菊花文化活动集萃／中国风景园林学会菊花分会编；刘英主编．—北京：中国建筑工业出版社，2017.10

ISBN 978-7-112-21306-1

Ⅰ.①中… Ⅱ.①中… ②刘… Ⅲ.①菊花－文化－中国 Ⅳ.①S682.1

中国版本图书馆CIP数据核字（2017）第242581号

责任编辑：杜 洁 李玲洁
责任校对：王宇枢 姜小莲

**中国菊花文化活动集萃**
中国风景园林学会菊花分会 编
刘 英 主编
*
中国建筑工业出版社出版、发行（北京海淀三里河路9号）
各地新华书店、建筑书店经销
北京锋尚制版有限公司制版
北京方嘉彩色印刷有限责任公司印刷
*
开本：787×1092毫米 1/16 印张：6½ 字数：177千字
2017年10月第一版 2017年10月第一次印刷
定价：68.00元
ISBN 978-7-112-21306-1
（31012）
**版权所有 翻印必究**
如有印装质量问题，可寄本社退换
（邮政编码 100037）

# 编 委 会


**主　　编：** 刘　英

**副 主 编：** 郭忠义　叶家良　宋利培　施志娟

**编　　委：** 刘　军　陈周美　李胜华　朱思文　严　涛　李红宁　张庆文　房伟民　项建东　章　红　唐宇力　房荣春　俞凌筠　邸艳君　刘　龙　曹　华　廖昌福　梁德肖　齐桂萍　温永红　李大寨　马　超　苗振宇

**参编人员：** 钱　君　刘　霞　王巍炜　管志勇　朱　炜　王　俊　朱艺慧　强小可　黄薇唯　王卫勤　栗　靖　郝　凤　裴　丹　郭　闽

**封面摄影：** 高占祥

# 前　言

菊花是中国的传统名花，在我国有着悠久的栽培和应用历史，品种丰富多样，分布极为广泛，全国各地均有分布和栽培。自古以来，我国各地就有菊花会、菊花节等规模不等、形式多样的赏菊、观菊活动。发展到今天，菊花成为北京等很多城市的市花，很多城市定期举办菊花展览、展会和系列文化活动，形成了开封、小榄等这样的菊花名城、名乡。

为了传承菊花文化，丰富菊花文化活动，中国风景园林学会菊花分会于2017年5月15日至5月18日，在杭州召开了中国菊花文化活动研讨会，北京、天津、上海、杭州、开封、南京、唐山，中山小榄、南通、无锡、荆门、福州、南宁、麻城、焦作等15个城市的40余名代表参加。研讨会围绕如何营造本地区菊花展览、展会的特色活动；如何更好地提高菊花展览、展会的社会效益、环境效益、经济效益；如何在菊花展览、展会中多维度传播菊花文化等方面进行了认真的探讨。

在研讨会上，大家深刻地感到，各地、各单位高度重视菊花文化活动，在举办菊花展览展会方面有很大的发展，活动形式各具特色，在赏菊的同时，创新出菊花相关艺术展览、评比竞赛、公众文化教育等众多形式。今后，我们还将进一步以更丰富的内容、更多样的形式、更好地开展菊花文化活动。第一，进一步挖掘菊花文化内涵，在展会活动中充分宣传，使参观者在赏花的过程中，了解更多的菊花文化；第二，进一步将菊花的展会活动与地域的历史文化、人文景观很好地结合起来，使参观者在赏花的过程中，同时了解优秀的地域文化；第三，菊花文化活动要进一步贴近百姓生活，围绕菊花这个主题，内容要更丰富，形式要更多样，增加科普活动，积极与参观者互动，满足不同社会群体的文化需求；第四，进一步开拓创新，发挥科技力量，丰富展览的内容，展示我国各地精湛的菊花技艺和精品菊花，促进菊花文化活动和旅游产业、花卉产业的融合，在推动本地区旅游文化和经济发展方面发挥积极作用。

本次研讨会是中国风景园林学会菊花分会首次召开围绕菊花文化活动的专题研讨会，全国各地理事单位积极参与，内容特色突出、精彩纷呈，大家感到收获很大，对指导各地区菊花文化活动，起到积极的推动和促进作用。故菊花分会将各城市相关会议文件编辑成书，供大家互相学习借鉴，促进我国菊花事业的蓬勃发展。

刘英

2017 年 9 月

# 目 录

# 菊香悠然飘京城　文化技艺共传承

北京市北海公园管理处　北京菊花协会

## 一、北海公园的历史沿革

北海公园于金大定六年（1166 年）开始兴建，清乾隆时期（1736～1795 年）又大规模扩建，从而奠定了北海公园的整体格局及建制规模。北海公园历经金、元、明、清几个朝代，一直是封建帝王及皇室成员游幸驻跸、处理政务及祭祀的独家御用宫苑，直到中国最后一个封建王朝灭亡后，于 1925 年 8 月 1 日才开辟为对社会民众开放的公园。距今，北海公园已有 850 年的历史。

北海公园既是一座封建王朝的著名皇家园林，同时又是一座驰名中外的典型中国自然山水式园林。在造园体系上，北海同中海、南海一脉相连，遵循了中国古典园林“一池三山”的规制。北海公园占地面积 68.2hm$^2$，其中水面 38.9hm$^2$。

全园以琼岛为中心，四面湖水环抱，周围陆地围绕，白塔作为代表性的标志居于山巅。静心斋、濠濮间、画舫斋、快雪堂、五龙亭等精品古典园林均体现了古代皇家御苑的最高水平。正因为北海具有悠久的文化历史、极高的文物价值及丰富的文化底蕴，1961 年被国务院公布为第一批全国重点文物保护单位，1992 年又被北京市政府评定为北京旅游之最——“世界上建园最早的皇城御苑”。北海公园位于北京市中心区，与中海、南海合称三海，是中国现存最古老、最完整、最具综合性和代表性的皇家园林之一，是全国重点文物保护单位。

## 二、北海公园菊花栽培与展览

1925 年公园开放之初，公园董事会即聘请留法园艺师李超然为顾问，并在园内开辟花圃、种植菊花，据资料记载，种植规模不下千盆。

新中国成立后，北海公园管理处菊花养殖事业飞速发展。1954 年在公园双虹榭举办了新中国成立后的第一届菊花展览，共展出 209 个品种，共计 2000 余盆，其中有多头菊、标本菊、大立菊、悬崖菊等，受到北京市民的普遍欢迎，来园观众需排队等待参观，参观人数达 8 万余人次。

至今，北海公园已经成功举办北京市菊花展 37 届，2017 年将举办第 38 届北京市菊花（市花）展。

1980 年，北京市菊花协会、北京市园林局在北海经济植物园共同举办第一届北京市菊花展。

1983 年，北京市菊花协会、北京市园林局在北海经济植物园共同举办第四届北京市菊花展。

1985 年，北京市菊花协会、北京市园林局在北海经济植物园共同举办第六届北京市菊花展。

图 1　北京市菊花展历史悠久

图 2　第四届北京市菊花展

图 3　第六届北京市菊花展

图 4　第十二届北京市菊花展

图 5　第二十五届北京市菊花展

图 6　第二十九届北京市菊花展

图 7　第三十届北京市菊花展

1991 年，北京市菊花协会、北京市园林局在北海经济植物园共同举办的第十二届北京市菊花展。

2004 年，北海公园举办北京市第二十五届菊花（市花）展，展览于 11 月 1～21 日在北海公园植物园内举办。

2008 年是奥运之年，北海公园举办第二十九届菊花展，展出各色菊花万余盆，开展当日接待游客 1.8 万余人次。菊展参展单位 20 余个，对专项品种、新品种、切花品种、案头菊、菊花盆景等十大类菊花展品进行展示与评比。参展品种包括品种菊、悬崖菊、小菊盆景等 500 余个新老品种，共计万余盆。开幕 20 日，共接待游客 18 万余人次，深受游客欢迎与好评。

2009 年，新中国成立 60 周年之际，北海公园举办了北京市第三十届菊花（市花）展。菊展从往年的 10 月底提前至“十一”国庆节日期间举办，在秉承了历届菊花展览的传统上不断发扬、创新，引进先进技术、学习养殖手法、提高艺术水平。

图 8　拼盆大立菊

展览除主题展室造景外，期间在阐福寺中院展出的三龙戏珠“福、禄、寿”拼盆大立菊，更是用花 10890 头、60 圈，直径跨度 7m，高 6m，色彩艳丽，技艺精湛，象征着新中国成立 60 周年，表达了祖国儿女庆祝母亲华诞的喜悦之情，吸引了众多电视媒体与国内外游客前来参观。

2012 年，北海公园和开封市联合举办了第一届“北京・开封菊花文化节”暨北京市第三十四届菊花（市花）展，汴菊的香韵与北海秀美的景致带给广大游客视觉的享受。到 2016 年，与开封文化产业园区的菊花同行们共同举办了五届菊花文化节。

北京市第三十七届菊花（市花）展于 2016 年 10 月 29 日～11 月 20 日在北海公园阐福寺举办。主题为：“菊香悠然，传承经典”。展览内容包括独本菊、多头菊、案头菊、小

图 9　第三十四届北京市菊花展

图 10　第三十七届北京市菊花展

图 11　纪念活动中的菊花布展

图 12　故宫博物院菊花展

菊盆景、插花、展台布置等项目。展览面积 2000m$^2$，展出标本菊 200 个品种、5000 株，小菊 8 个品种、3000 株，造型菊 568 株，盆景菊 300 株。展览共评出了一、二、三等奖共计 129 个。

北海公园举办了 30 余届北京市菊花展的活动，使展览的形式和内容逐步达到现今的规模，分为主题展示区、企事业单位展区、大专院校展区、小菊盆景展区、艺菊展区及插花花艺展区 6 大展区。展览同时设 7 个奖项。在近年的菊展中，为丰富菊展文化内容，我们在展区范围内增设了科普活动和宣传展板，介绍菊花历史、菊花养护知识。达到丰富市民的文化生活，解决市民家居养花遇到的问题，生态文明宣传的初衷，取得了良好的社会效应。如今，在广大市民和游客的心目中，金秋到北海赏菊已经成为北京及周边省市游客秋季文化活动的一个传统项目。

随着上级部门和领导重视程度的增加，使菊花已经成为北海公园的品牌花卉。完成了北京市政府 2008 年北京奥运会、国庆盛典和 2015 年反法西斯胜利纪念活动的环境布置任务，通过短日照处理措施，在这些重要的节庆活动中，展示了较高的菊花栽培技艺。

园内每年举办的菊花展览，党和国家领导人多次莅临赏菊。毛泽东、周恩来、朱德、董必武、何鲁丽等老一辈革命家多次来园观赏。同时还有文化、艺术领域李苦禅、吴作人等著名画家、书法家来园赏菊、作画、赋诗、题字，留下来百余件以菊花为题材的精品。

北海公园每年参加世界花卉大观园举办的菊花擂台赛。

“菊香晚艳”故宫博物院菊花展于 2016 年 9 月 27 日～10 月 16 日举办，主办单位是故宫博物院、开封市人民政府、北京市公园管理中心，协办单位是开封清明上河园股份有限公

图 13 参加中国菊花展览会

图 14 菊花走进社区

司、北京市北海公园管理处。在北京市公园管理中心的指导下，北海公园作为此次菊展的协办单位，进行了永寿宫和延禧宫的布展。

北海公园参加每 3 年举办一次的中国菊花展览会，在北京市园林绿化局和北京市公园管理中心的正确领导和大力支持下，在 2010 年第十届中国菊花展览会上布置了“华彩菊颂”展台和景点；2013 年第十一届中国菊花展览会，北海公园作为分会场举办了菊展；2016 年第十二届中国 ( 荆门 ) 菊花展览会选送优质菊花赴湖北荆门完成标准展台、百菊赛、盆景、插花的布展。北京展区的布展结合北京地方特色、文化特色，体现北京文化、菊文化；展示首都风貌以及菊花技艺与菊花栽培成果。

北京从 1982 年开始每届参加中国风景园林学会举办的全国菊花展览，北海公园多次代表北京市参加，并获得金、银、铜奖百余个，取得了优异的成绩。

## 三、北海公园菊花非物质文化遗产项目传承与活动

经过几代北海养菊人的努力，传统品种菊花枝繁叶茂，保留品种近千种，标本菊年养护量 5000 余株。北海公园标本菊传统养殖技法 2013 年获评北京市西城区非物质文化遗产项目，2014 年正式挂牌。

北海养菊人培养了 5 代传承人。养菊人中有中国菊艺大师、菊艺师和菊艺新星。菊艺大师刘展创新了小菊盆景养殖技法，成为小菊盆景提根法造型技术的代表。为了增加广大市民与游客，对菊花的认知，我们在北京市西城区政府的支持下，开展了非物质文化遗产（以下简称“非遗”）项目进社区的五年宣传推广计划，今年是第 3 年，将菊花养护技艺、科普知识普及到西城区 3 个街道办事处 20 余个社区，参与活动的市民达到 200 余人次，取得了很好的社会效果。同时，在北京菊花展中，设立业余组展示区，展示市民栽种菊花的成果，吸引了更多的菊花爱好者加入北京市菊花协会。

几年来，公园进行了“菊花进社区”非遗项目推广活动，每年的4～11月开展菊花活动，发放菊苗、由菊艺大师专业授课、传授菊花养殖知识并答疑解惑。在 2016 年北京市的菊花展上，我们还设立了社区展台，邀请西什库、府南、光明三个社区的百姓参与到展览中来，展示亲自养植的品种菊花，进行了（业余）评比。活动取得了良好的社会效应，并传承了菊花养殖技艺。

## 四、北海公园菊花栽培团队

北海公园菊花事业从建园主人刘文嘉先生的精心养殖经过五代人的不懈努力与发扬传承，在继承原有养殖技法的基础上，如今养菊技艺已得到很大的发展。

北海公园一直把菊花栽培作为重点工作，专门组织菊花班，注重人才培养，继承了菊花的栽培技术；公园重视技术扶持，在东岸、北岸菊花种植场地建设配备了先进的菊花繁育专业温室，提供完善的硬件设施，实现菊花精细化管理；技术人员多次到南通等地学习交流、努力引进优良品种，从原来的 300 种发展到现在近千种的规模；近几年还进行了菊花育种工作，培育出新品种标本菊十余种，丰富了公园的种质资源。

菊花养殖技法第四代传承人刘展，多次参加全国菊花展览，获得品种菊、案头菊、盆景菊金奖 10 余个。获奖成果包括：

图 15　刘宁同志的获奖成果

（1）2005 年自创“小菊盆景提根栽培技法”，获得“北京市经济技术创新成果奖”；

（2）2007 年第九届中国菊花展览会“小菊盆景快速提根法”获栽培新技术一等奖；

（3）2010 年获“全国绿化劳动模范”称号。

（4）2013 年获得中国菊艺大师称号，同年被评为“北京市有突出贡献的高技能人才”。

刘展同志 2017 年收徒，公园为了支持菊花事业的传承与发展，专门建立刘展同志工作室，加强菊花栽培的科研力度，努力提高菊花栽培育种的技术水平。

刘宁是北海公园菊花事业的新生代带头人，师承天津的菊艺大师叶家良，是公园青年一代学习的榜样。她勤奋好学，在近几年的刻苦学习钻研下，菊花栽培技术显著提高，培育出菊花新品种 10 多种，在近几年的全国菊花展上获得品种菊花金、银、铜奖 10 余个。

围绕菊花种质资源调查、新品种培育扩繁等开展了多项科研课题研究，把新技术应用于传统菊花栽培中，取得很多收获，培养了琼华和太液系列新品种，丰富了菊花品种，增强了观赏性。

## 五、北海公园菊花发展与展望

对于新形势下如何更好地开展菊花展览活动，多角度体现菊花文化，我们有如下认识：

（1）深入挖掘历史，完善菊花历史文化资料。完成历史、文化、成果的总结与提升探讨。

（2）加强技术人才培养，菊花养殖技艺传承、创新、宣传。

（3）调研菊花相关外延研究成果，多角度展示。

（4）在专业比赛项目的基础上，创新布展风格，提升布展水平，打造特色活动。

（5）继续加强对菊花品种的引进、收集，丰富北海公园的菊花品种。对引进和现有的近千品种菊花精细管理，加强保护、优化和繁育工作。

（6）继续开展面向街道社区、学校、市民百姓的菊花推广活动和科普活动。

（7）加强与菊花栽植成果显著的城市沟通，在菊花技艺展示、布展方式角度，打造交流平台。

2017 年北京菊花展的特色定位于京津冀三地联合展出，充分展示三地菊花的栽培技艺，宣传城市多角度的历史文化。我们希望在中国菊花分会的组织指导下，与其他省市加强交流，使北海和北京的菊花展向多样化发展，把北海公园打造成多元化的菊花展示平台，为市民和游客提供更加丰富的赏菊资源。同时增加菊花养护技艺的科技含量，为菊花发展注入新的动力。

今后我们将发挥北海公园和北京菊花协会的优势，在每届菊花展览中打造新亮点、取得新进展。同时相信在中国菊花分会交流平台上，菊花事业一定会取得长足的发展。

# 天津水上公园艺菊活动概况

天津市水上公园管理处　陈周美　王巍炜

津城，旧有“秋不赏菊，虚光阴”的说法，今有津沽百姓爱菊、养菊、赏菊的雅致。

清代康熙年间天津举人、著名盐商张霖之子张坦有《宜亭看菊》一诗：“寻菊到宜亭，空郊眼倍青。沙痕分野圃，秋色赛园丁。浊酒寒香湛，蓝舆夕照停。由来耽隐逸，不爱五侯鲭。”另一位著名诗人查曦亦做诗一首《秋日同董荩臣朱扶光葛伟世饮宜亭》：“亭上一杯酒，青衿数子同。高谈心各肠，纵饮气皆雄。雁起芦花雪，鹰盘槲叶风。须知凭眺处，人在菊香中。”由此可见，天津养菊、赏菊的历史距今已三百多年。作为北方一个重要的保留菊花品种的城市，天津市在菊花栽培方面不仅继承了传统技艺，而且仍在不断的创新，逐渐形成了具有天津特色的菊花文化。天津水上公园不仅菊花新品种栽培技术名列全国前茅，更是一直不遗余力地传承和发扬津门菊花。

## 一、苦攻菊艺，重振津门菊花

1. 打造精品团队，恢复和发扬津门菊花

我国艺菊史源远流长，可追溯到三千多年以前。旺盛时期，天津的菊花曾达到1000多个品种。然而1976年唐山大地震波及天津，很多菊花品种在这场灾难中被毁坏。到1978年，天津菊花品种仅剩下90多种，且品种不纯。为了把菊艺传承发扬下去，水上公园自1973年起开始培育菊花，打造以“全国十大能工巧匠”、“中国菊艺大师”、“菊花状元”叶家良大师为首的精品菊艺团队，经过44年的不断努力，通过杂交将天津仅存的90多个菊花品种，培育到现在的650余种，如“秋桔晚成、绰约金缕、细剪红绫、白玉镶珠、金红竞辉”等菊花品种，占全国现有菊花品种的65%。每年保质保量至少杂交培育新品种菊花40余种，菊花新品种的培育工作得到全国专家的一致好评，为丰富我国菊花品种做出了贡献。

图1　全国新品种金奖——天津市水上公园培育的“流霞泛寒”

图2　全国新品种金奖——天津市水上公园培育的“翠凤”

2. 攻坚克难，弥补绿菊空白

清代《菊花略考》一书中曾有这样的记载：“一种绿菊花，是极难培育之珍贵品种。绿宝石易得，绿菊花难寻。这种菊花犹如马中赤兔、人中西施，均是神物珍品。”而就在20世纪末，我国的绿菊濒临绝迹。水上公园一直琢磨着如何攻克这个的难题，终于在2011年，在叶家良大师的带领下，在上万次的杂交实验中，不断地观察、分析、研究，攻克无数个技术难点，成功培育出13个品种的绿菊，掌握了绿菊的生命密码，这个困扰我国花卉业几十年的难题终于被攻克了，水上公园也因此荣获了第十一届中国菊展金奖，从而弥补了国际上培育、繁育绿菊的技术空白。尤其是重点培育的珍稀菊花品种——绿菊，观赏价值高、品种多，在全国首屈一指，多次在全国擂台赛获得“菊王”称号。

3. 参加全国菊展硕果累累

自1982年水上公园代表天津市参加第一届全国菊花展览会以来，共获奖牌233块，其中金奖77块。在“专项品种”、“新品种”评比中是全国获奖最多的城市。

## 二、多彩菊展，弘扬菊文化

重阳节也叫“菊节”、“菊花节”，是与我国民众所创造出来的、与菊花文化密切相关

图 3　2013 年天津水上公园菊展

的节日。有关的民俗有赏菊、簪菊、饮菊酒、食菊糕等。天津水上公园一直致力于传承菊文化，大力弘扬传统文化，自 1973 年起举办菊展至今已 44 载。

水上公园菊花展以我国文化背景为基点，每年均采取不同的展览内容，多处着力，大力弘扬菊文化。一方面突出文化内涵，注重艺菊

图 4　2016 年天津市水上公园菊展

图 5　2015 年天津市水上公园菊展

传承，如艺菊评比、新品种评比等专业竞赛方面促进整体艺菊进步；另一方面与大众文化结合，让更多的人爱菊、赏菊，如菊花摄影展、书画展、楹联展、征文、设立菊展中新品种的征名簿等，多元化的互动方式大大地调动群众参与的积极性，为艺菊爱好者提供了多姿多彩的活动方式。每年均同步设置艺菊知识普及展，培养和提高大众的欣赏水平。

通过几十年的不断努力，每逢金秋重阳，天津水上公园“满园花菊郁金黄”，引得津城百姓倾城而出，相约水上，赏菊吟诗。不仅传承了津门菊文化，更成为城市的名片，受到广大市民的广泛欢迎。成绩只代表过去，天津水上公园将继续努力，为艺菊界添砖加瓦，为发扬我国菊文化而奋斗。

# 弘海派文化　办百姓菊展

上海共青森林公园　朱思远

## 一、共青森林公园简介

上海共青森林公园面积2000多亩，濒临黄浦江沿线，分为北园森林公园主园区与南园特色园“万竹园”两大区域，是目前上海市唯一一座位于中心城区的国家级森林公园，也是国家4A级旅游景区。

图1　上海共青森林公园航拍图

## 二、公园菊花展历史

公园从1999年开始每年举办一次菊花展的传统，至今已经坚持了18年，也成为上海的一张城市名片。从2012年开始，上海共青森林公园开始正式承办每年一届的上海菊花展，平均统计观展游客量达30万人次，深受市民百姓的喜爱。公园作为2019年第十三届中国菊花展览会的主会场，届时将与上海嘉定、松江等区的分会场一道来举办全国菊展。

1. 挖内涵：打造精品与特色主题文化活动

上海菊花展一般在每年的11月份举行，除了精致的主题景点与丰富的菊花品种展示之外，从2013年开始上海菊花展每年还会举办一场以“国粹与菊花”为主题的专题文化展览。这四年期间分别举办了“菊花与瓷器展、菊花名家书画展、丝琳堆绣菊艺展与海派菊花艺术插花展”四大展中展，将经典国粹与菊花文化完美融合，在弘扬中华传统文化的同时，也让菊花艺术文化飞入寻常百姓家。

对于这种菊花主题文化展，菊展组委会充分动足脑筋，要求其不能仅仅只是拘泥于形式，而是要以深挖内涵、全面推广为目标，通过一年一届、一期一展的形式，让其慢慢形成一个完整的体系，全方位、多角度地展示国粹与菊花文化之间千丝万缕的关系。

2013年，菊花上海菊花展组委会直接从瓷都景德镇邀请八位不同门派、风格迥异的瓷器名师来到上海，在菊展现场创作不同风格种类的各类瓷器。所用的白胚等原材料都直接来

图2　上海菊花展

自景德镇本土，艺术创作灵感则是汲取了上海菊展的布展元素，连瓷器烧制也是在上海完成，这样的展品可以将菊花元素与传统文化深度融合，既保持了瓷都的高端工艺，又融入了海派风格，让老百姓能够有更好、更深入的认

同感与代入感。同时也为市民创造了可以全程观摩、切身体验瓷器创造的机会。除此之外，菊展期间一些衍生的小型互动活动也同步进行，市民手捏瓷体验、瓷杯 DIY 等活动也获得了良好的口碑。

在创作、展示、互动等环节结束之后，系列活动仍在继续。在 2014 年菊展期间，主办方还联合上海电视台等单位，举办“瓷”善有道公益拍卖会，将菊展期间展出和大师们创作的作品进行公益拍卖，募集到的善款再次被捐献到瓷都景德镇，建设了一所希望小学，到此整个系列活动才圆满收官。

在后面几年的菊展中，邀请国内知名书画大家开设菊花文化主题展的时候，公园主动开办名家书院，邀请名家给市民授课；坚持多年的品牌活动“插花教室”，打造全国顶级插花大师与市民百姓直接互动的平台，将海派插花艺术理念传入千家万户……除此之外，每一届菊展中非遗项目、都市陶艺、菊花彩绘、创意剪纸、摄影沙龙、菊花茶道等一系列主题文化活动。

有百姓参与的文化活动才有活力，有体验创造的文化活动才有张力，有社会回馈的文化活动才有动力。上海菊花展致力于以菊为媒、政府搭台、文化唱戏的思路，一切均以其为根本出发点。

2. 接地气：全民种菊、全民办展，打造市民菊展、百姓菊展

党的十八届五中全会把“绿色发展”作为五大发展理念之一，强调绿色是永续发展的必要条件和人民对美好生活追求的重要体现。上海菊花展正是坚持以菊为本，对党中央“绿色发展”理念的一次生动诠释，真正践行“以人为本”的办展宗旨，以菊花为媒介，菊展为平台，通过“送菊苗、办讲堂、设展区、评佳作”等环节，不断扩大“绿色发展”核心价值观辐射效应，努力提高群众参展积极性，从而提升全民爱绿、护绿意识。

从 2012 年开始，上海共青森林公园联合上海市绿化委员会办公室，启动了市民菊展项目，并举办上海市民绿化节重点活动——市民菊花佳品系列活动，包括菊苗派送、菊花课堂、菊花沙龙等一系列主题。

以 2016 年菊展为例，主办方特别设立了“市民菊花佳品”展示区，不少市民自家种植的菊花佳品也得以在上海菊展上一展风采。90 岁高龄的郑老先生，一直割舍不去那份爱菊情结，这一年他的“菊宝宝”们终于如愿在本届菊展上向游客亮相，在得到专家和爱菊人士的肯定后，郑老伯终于实现了多年的梦想；宝山养菊达人施先生，一直努力钻研养菊技巧，为上海菊展市民展台送来了多盆自己精心养护的菊花，为市民展台锦上添花；民星路小学今年首次与园方结对，热爱园艺的小朋友们拿来了自己栽培的菊花参展，在感受到植绿不易的同时也更加珍惜当下的生态环境；奉贤四团、虹口绿委办、浦东潍坊街道等颇具育菊水平的绿色单位也送来优秀菊花参展，来自社会各方面的市民菊花，使本届菊展充满了人性与自然和谐发展的美丽光辉。

据统计，这届菊展园方累计向社会送出菊苗 3000 余盆，共收到市民送展菊花 1000 余盆，并精选出 300 盆参展，评选出市民菊花佳品、市民种菊能手、市民艺菊之星、最佳人气奖、组织贡献奖、市民爱菊寿星、爱苗小能手、优秀组织等奖项。市民踊跃参与和高涨的热情，使菊展呈现出“百家争鸣、万花齐放”的热闹景象，引领市民共建和谐生态环境，真正成为了一届“市民的花展、大家的花展”。

## 三、菊展文化活动简介

1. 菊花与雅集

2016 年菊展当中组织举办的菊花雅集，以深挖菊花文化内涵、实现菊花文化与中国传统文化艺术的有机融合为宗旨，让声乐、古琴、朗诵、瑜伽、花艺等艺术元素均在这场以中国古典文化红楼梦为背景的菊花雅集上得以呈现。类似的综合性菊花雅集，每年至少举办 1～2 场。

2. 菊花与瓷器

邀请景德镇名师在上海菊花展现场进行瓷器与菊花主题艺术创作并展出，还结合了市民百姓的瓷器手工活动。最终与上海电视台一起合作，举办“瓷”善有道公益拍卖会，为江西省捐献一所希望小学。

图 3　菊花与雅集

图 4　菊花与名家书画

图 5　菊花与茶艺

图 6　菊花与艺术插花

图 7　菊花与本土文化活动

3. 菊花与名家书画

邀请国内知名书画大家在菊展期间开设菊花文化主题个展，并开办名家书院，邀请书画名家直接给市民授课互动。

4. 菊花与茶艺

将桐乡的杭白菊引入上海菊花展，不但有展示的杭白菊花海，还组织市民自己来采摘杭白菊，DIY 烘焙做成菊花茶，体验独特茶艺。

5. 菊花与艺术插花

以菊花为创作题材，坚持每年都进行多场次品牌活动“插花教室”，将海派插花艺术理念传入千家万户。

6. 菊花与本土文化活动

还举办了沪上非遗项目布艺画、都市陶艺、菊花彩绘、创意剪纸、摄影沙龙等一系列主题文化活动，涵盖了菊花主题的各个层面。

7. 菊苗派送

经过历年民间养菊达人的意见征集反馈与菊花大师的推荐验证，上海共青森林公园精选了来自全国各地传统菊产地与上海自行培育的

图 8　菊苗派送

图 9　菊花大讲堂

千盆精品菊苗，免费赠送给广大市民。

8．菊花大讲堂

在菊花大讲堂，由资深园艺教授担任讲师，为市民学员们介绍讲解家庭菊花栽植技术、菊花家庭养护等园艺知识。

9．市民菊展

来自上海各区、企事业单位、部队、学校和民间市民养菊高手组成的不同水平市民展台。

# 借助平台　整合资源　传承菊艺　打造品牌

## ——重庆将菊花艺术展作为园林行业品牌花展进行打造

重庆市花卉盆景协会

菊花是中国十大传统名花之一，金秋赏菊在我国成为传统民俗由来已久。国人把菊花誉为“花中君子”，喜欢她不畏严寒、不萎尘泥、凌霜独放。也象征着中国人忠贞不屈的意志和坚定顽强的精神。

重庆一直将菊花艺术展作为园林行业一项重要的花展技艺进行传承，到2016年，已举办了二十届菊花艺术展。2014年后，在各类展览不再由政府主导举办的大环境下，重庆市花卉盆景协会积极作为，精心组织，联合重庆园博园与菊花生产企业合作，通过市场化运作方式举办了重庆市第十八届、十九届、二十届菊花艺术展，这是新形势下公园利用自身平台，借助市场资源，联合开展特色花展的新尝试。经过连续三年市场化运作，重庆市花卉盆景协会与重庆园博园一起，通过不断调整布展方式，把好方案关，严格布展质量，增加展览期间文化活动，加大对外宣传力度等方式不断提升菊花艺术展水平。现菊展已走出低迷期，不仅在新形势下让菊花艺术得以传承，更将菊花艺术展打造成重庆园林行业和重庆园博园的品牌花展。特别是2016年第二十届菊花艺术展期间，园区共接待游客36万人，门票收入达490万元，实现了社会效益和经济效益双丰收。

### 一、精选方案，引进技术，提高布展技艺

重庆一直致力于将菊花艺术展作为秋季的特色花展进行打造，为达到良好的展出效果，重庆市花卉盆景协会作为主办单位之一，狠抓方案设计环节，多次邀请相关专家对参展方案进行研究修改，力求布展方案与展区主题、周边环境更贴切。在方案评审中，特别强调采用五色草等植物进行立体造型，柔化景观，凸显布展技艺。正是有了各参展单位的精心设计，

图1　重庆市菊花艺术展

图 2　菊花布展技艺

图 3　品种菊展示

图 4　重庆园博园菊展

图 5　菊花摄影作品

专家点评及方案的进一步优化，使得重庆菊展布展技艺不断提高，出现了许多新亮点。为达到设计效果，布展单位从开封引进专业造型技术人员，进行立体五色草造型制作，改进五色草扦插方式，使立体造型更加丰满，形象更加逼真，更便于展出期间的日常养护。2016 年第十二届菊展中以“花篮”和“熊猫”为主题的造型等均体现了较高的布展技艺。

## 二、科学布局，点线结合，形成游览环线

重庆园博园作为重庆市连续五届菊花艺术展展出场地，占地面积 3300 亩，园内有 10 个展区、127 个展园，是一个名副其实的园林大观园。菊展布置分布在园区东入口、主入口和现代园三个展区，展出面积达 10 万 $m^2$，布置菊展展位 40 余个，展出菊花 40 万余盆。为使各展区之间形成良好串联，并与园林景观融合，在龙景书院、环湖、桥头等景观节点增设 6 个菊展展位；同时，采用线性布置的方式在园区游览线路上内摆放了 10 万余盆鲜花，将各展区、主题花堆、园林展园串联在一起，形成点线结合、相互交融的游览环线。让游客在赏菊的同时，游遍园博，品尽天下园林。

## 三、吸收精品，丰富内涵，彰显菊花魅力

品种菊展示是菊展最为重要的亮点。为提高品种菊品质，重庆市花卉盆景协会联合重庆园博园，除本地自行生产的品种菊外，每届菊展还远赴开封、成都等地引进品种菊进行展示。菊展期间，在龙景书院、现代园布置2个品种菊展示区，展示各类品种菊近800个品种、1500余盆，菊花品种好、花大、色艳，造型丰富多彩，成为菊展的最大亮点。每天，前来欣赏品种菊的游客络绎不绝，特别是摄影爱好者、绘画爱好者，纷纷前来摄影和绘画，领略菊花的千姿百态和无穷魅力。

## 四、注重配套，激活载体，增强菊展活力

为进一步丰富菊展期间的文化活动，扩大影响力，重庆园博园整合园区商家和社会资源，在菊展期间策划了“靓丽园博”摄影大赛、集赞免费畅游冰雪世界、草坪音乐会、金婚盛典、插花艺术展、儿童绘画写生、“我与园博园有个约会”、非物质文化遗产展览等丰富多彩的文化活动。第二十届菊花艺术展期间，在龙景书院举办的非物质文化遗产展览是第一次走进园博园，游客置身龙景书院，可以近距离欣赏千年敦煌古绢画、蜀绣、荣昌折扇、荣昌陶等艺术精品，让广大游客品味秋韵菊香之时感受中国传统文化带来的震撼。“我与园博园有个约会”——2016文明健康亲子跑活动，旨在呼吁父母能够和孩子一起回归童年，共同追忆昔日的美好时光，宣传文明健康生活理念。活动当天，来自全市600多组家庭参加了本次活动，参加跑步的小朋友们纷纷和自己喜欢的“光头强”、“喜洋洋”等经典卡通人物合影互动。同时，赛道沿途还安排了航模展示区、旧物博览馆、跳房子、滚铁环游戏区等互动点，小朋友们在欣赏精彩航模展示大饱眼福的同时，还体验了一次父母们的童年游戏。此外，备受市民喜爱的冰雪梦幻奇缘冰雕展和主展馆奇石展也在菊展同期开放。正是这些丰富多彩的活动，让游客们在欣赏菊花神韵、品味园林文化的同时，积极参与园区各项文化活动，让整个园区充满了活力。本届菊展期间，园区接待游人超过36万人次，门票、经营及餐饮等综合性收入达790万元。游客纷至沓来，赞不绝口，真正实现社会效益和经济效益双丰收，社会反响极高。

## 五、强化宣传，营造声势，聚力打造品牌

为提高菊花艺术展的影响力，扩大菊展的知晓度，重庆市花卉盆景协会与重庆园博园一起，加大了宣传力度。展出前，组织召开了菊展开幕新闻发布会，重庆电台、重庆晨报、晚报、商报、时报、华龙网、腾讯网等媒体均进行了报道。同时，利用电视台、市内公共汽车车载移动电视等进行滚动宣传报道，通过微信公众号、官网实时报道菊展相关信息。展出期间，与媒体合作，对菊展及期间的各项活动进行全方位的跟踪报道，让广大市民对菊展的各个方面有了深入的了解。通过菊展期间连续的宣传报道，进一步扩大了菊展的影响力，让菊展真正成为重庆秋季的品牌花展，秋季到重庆园博园赏菊成为广大市民秋季出游的“必修课”。

重庆市花卉盆景协会与重庆园博园联合通过市场化运作方式已举办菊展三年。三年来，游客从最初的25.6万人突破到今年36万人，门票收入从350万突破到今年的490万，园区实现经营收入790万元。市场化模式举办菊展经过不断的改革和完善，逐步扩大其影响力，深受市民的喜爱和追捧，实现了良好的社会效益；同时，游客的积极参与让布展的企业和园区商家得到了回报，实现了良好的经济效益。整个菊展已初步进入商家有利、园区得名、游客喜爱、行业发展的良性模式。同时，市场化模式举办菊展还有广阔的开发空间，如展位的招商引资；如何提高花展品质，吸引游客；如何搭建平台，整合资源，丰富菊展活动等方面均有更大、更多的潜力挖掘。重庆市花卉盆景协会将一如既往地以菊花艺术展作为园林行业的特色花展坚持举办，不断挖掘潜力，改进布置，传承菊花文化，展示布展技艺，扩大影响力，让菊花艺术展成为重庆园博园最具特色的品牌花展。

# 以“古”闻名　以“新”出彩

## ——中国开封菊花文化节

开封市人民政府节会办主任　李红宁

菊花是原产于中国的世界名花，是中国四大名花之一，素有“花中君子”之称。中国种植菊花已有4000多年的历史，在夏代（公元前2070年）农事历书《夏小正》九月中称“荣鞠树麦，时之急也”；先秦古籍《山海经》中已出现“女儿之山，其草多菊”的描述；春秋时期又有“季秋之月，鞠（菊）有黄花”的记载；唐代时期，菊花在开封已广为种植，并作为重要的观赏花卉，唐代诗人刘禹锡的“家家菊尽黄，梁园独如霜”诗句中的“梁园”就是今日的开封市禹王台公园；宋代，菊花栽培进入兴盛时期。据《东京梦华录》中记载：“九月重阳，都下赏菊，有数种：其黄白色蕊若莲房，曰‘万令菊’，粉红色曰‘桃花’，白而檀心曰‘木香菊’，黄色而圆者曰‘金铃菊’，纯白而大者曰‘喜容菊’，无处无之”。

开封拥有4100多年的建城史和建都史，夏、魏、后梁、后晋、后汉、后周、北宋、金曾先后在此建都，有着“八朝古都”的美誉。开封地处中原腹地、黄河之滨，是国家首批历史文化名城、中国优秀旅游城市、国家卫生城市、国家园林城市、全国双拥模范城、中国书法名城、中国菊花名城、中国收藏文化名城、中国成语典故名城、中国茶文化名城，也是中原经济区核心城市之一、郑汴一体化发展的重要一翼、中国（河南）自由贸易试验区和郑州航空港经济综合实验区的重要组成部分。菊花是开封的市花，开封人民爱菊、养菊、赛菊的传统由来已久。中国开封菊花文化节由住房和城乡建设部、河南省人民政府主办，中国风景园林学会、河南省住房和城乡建设厅、开封市人民政府承办，自1983年起，至今已成功举办了34届。自2010年起，已连续七年创建了7项与菊花有关的吉尼斯世界纪录。以“古”闻名，以“新”出彩。开封菊花文化节的成功举办、创新转型，为开封菊花种植基地的快速发展带来了直接的推动作用，催生了一系列菊花相关产品的研发和推广，最终形成了开封市的特色产业，在另一方面又为菊花文化节丰富了文化内涵。

### 一、中国开封菊花文化节历程

1983年，开封市第七届人大常委会第17次会议命名菊花为市花，并规定每年10月25日～11月25日为“菊花花会”会期。

1989年，第三届中国菊花展览会在杭州柳浪闻莺公园举办，开封市派飞机把千余盆菊花送去参展，杭州日报曾报道开封菊花“从天而降”，在杭州市民中引起轰动，开封的塔菊、盘龙令游客赞叹不已，“深藏闺中无人识”的开封菊花以花冠大、枝叶壮、品种全、造型多一炮走红，获得国内外游客广泛好评。

1999年，世界园艺博览会在昆明举办，由中国、日本、韩国、英国、荷兰等国家以及国内21个省市参赛，开封获得大奖2个、金奖11个、银奖8个、铜奖2个，荣获大奖总数第一、金奖总数第一、奖牌总数第一的好成绩，香港大公报以整版的篇幅报道了“开封菊花甲天下”的盛况。

2000年，经河南省人民政府批准，开封菊会上升为省级节会，并提前于10月18日开幕。

2009年，中国开封菊花花会被中国节庆年会评为改革开放30年“影响中国节庆产业进程30个节庆”之一。

2010年，第十届中国菊花展览会在开封市举行，全国63个城市的菊花精英相聚开封，展示菊花的发展成果，共谋菊花发展大计。开封用菊花制作的“中华菊龙”，成功创造吉尼斯世界纪录；编辑出版发行的《菊谱》，展示菊花品种彩色照片 1606 张，是我国目前收录品种最多，最具权威性和收藏价值的菊花专著；第二届中国国际菊花研讨会邀请法国、日本、澳大利亚、荷兰、波兰、英国及国内专家百余人参加，发表国内外论文 43 篇。鉴于开封对中国菊花事业做出的贡献，中国风景园林学会授予开封“中国菊花名城”称号。

2011 年，中国开封菊花花会被中国节庆年会评为“中国节庆产业金手指奖 · 十大品牌节庆”。

2012 年 6 月 28 日，开封市第十二届人大常委会第 23 次会议决定将“中国开封菊花花会”更名为“中国开封菊花文化节”，使其承载更多的文化内涵，推动了开封文化产业的快速发展。

2013 年，中国开封菊花文化节由住房和城乡建设部、河南省人民政府主办，中国风景园林学会、河南省住房和城乡建设厅、开封市人民政府承办，升格为国家级节会，同年 11 月获得“最具国际影响力节庆”称号。中国开封菊花文化节以其独有的特色、宏大的规模、旺盛的生命力跻身全国众多节会的第一方阵。

2015 年，中国开封菊花文化节成功列入国家级节会备案制名单。同年在菊花文化节期间成立了“一带一路”城市旅游联盟，共有 33 个城市参加。

图 1　领导视察开封菊花文化节

2016 年，中国开封第 34 届菊花文化节期间，开封同期举办了第十四届国际茶文化研讨会，菊茶辉映，文化叠加，再次彰显了开封厚重的文化底蕴。同年，开封菊花文化节荣膺“2016 最美中国榜——首批最具影响力特色节庆”称号；在第十二届中国(荆门)菊花展览会上，开封获得奖牌 71 枚，金牌总数和奖牌总数均名列第一，展示了“开封菊花甲天下”的风采；在第二十五届国际菊花产业学术研讨会上，马超、潘玉民、黄慧强荣获“中国菊艺大师”称号，霍本强、马威、王玉斌荣获“中国菊艺新星”称号。至此，开封有中国菊艺大师、中国菊艺新星各 8 人。

此外，在创建吉尼斯世界纪录上：2011 年，创建了“世界最长的鲜花毯——中华菊毯”；2012 年，创建了“世界上规模最大的书法课——千人书菊”；2013 年，创建了“世界上最大的鲜花毯”；2014 年，创建了“世界上品种最多的菊花展”；2015 年，创建了“世界上嫁接品种最多的大立菊”；2016 年，创建了“世界上同一题材邮票数量最多”的吉尼斯世界纪录。

## 二、以菊搭台，“文化 +”大放异彩

开封厚重的历史文化孕育产生了菊花文化节，而菊花文化节也以其日益强大的融合力和影响力，不断丰富这座城市的文化内涵。近年，开封市委、市政府以努力打造国际文化旅游名城和构筑文化高地示范区为引领，率先在全国提出了“以文化为基础，以融合为关键，以转型为目的”的“文化 +”理念，在“文化 + 节会”模式上做出了原创性的探索实践，并不断为其注入新的内涵。

开封节会与“文化 +”的融合贯通，在促进文化发展的同时，激活了节会文化内涵的产业生命力，带动了旅游产业发展，也提升了开封的城市形象，产生了良好的社会效应。在“文化 +”的引领下，开封菊花文化节已成为文化元素的汇聚地、创新理念的试验场。在菊花文化节期间，菊花文化活动精彩纷呈，结合开封特有的宋风、菊韵，开封还精心筹划了

国际菊花展、中华菊王争霸赛、中国菊花插花艺术展、中国盆景艺菊竞秀展、斗菊大赛、千菊进万家、菊花宴等多项富有特色的文化活动。国内外游客在花香袭人的菊海中尽兴畅游，感受古城开封浓郁的宋文化风韵，领略开封“菊花名城”的无穷魅力，感慨开封发展的强劲脉动。

## 三、以菊为媒，四海客商聚汴梁

多年来，“文化搭台，经贸唱戏”一直是开封菊花文化节始终坚持的运作理念。当前的开封，“一带一路”战略、中原经济区、中国（河南）自贸区、郑汴一体化发展、郑州航空港经济综合实验区等重大机遇叠加聚集，借着菊花文化节带来的强大人流、物流、信息流，碰撞催生出一系列实实在在的招商成果。每年菊花文化节期间，开封都会举行市情说明项目推介签约仪式，借助菊花文化节的平台，进一步扩大交流，促进招商。国内外知名企业、客商齐聚开封，在满城菊香里，考察投资环境，对接投资项目，推动开封重点产业集中招商活动收获了累累硕果。去年，中国开封第34届菊花文化节期间，共签约项目101个，总投资约815.5亿元。绚丽绽放的菊花，连着开封城市厚重的历史；沁人心脾的菊香，也缠绕开封人对家乡的无限思念和热爱。来自海内外的500多名开封籍企业家和知名人士齐聚开封，共同见证首届汴商大会的召开和汴商联合会的成立。在满是宋风宋韵的古城里，在秋色旖旎的老家开封，汴商集结点兵，以其强大的实力、良好的风貌、空前的团结，吸引了各方的广泛关注和好评。

## 四、以菊扬名，开封菊花誉满天下

历届菊花文化节，开封菊花的“靓照”在报纸、电视、网站、微博、微信上“疯转”，气势“霸屏”；菊花文化节的重点活动异彩纷呈，成为各大媒体竞相报道的焦点，吸睛无数；开封崛起发展的态势备受瞩目，重磅报道接连推出，引发广泛热议……中国开封菊花文化节在全国引起了广泛关注，也成为众多媒体关注和报道的焦点，舆论传播也开启了“开封时段”。

近年来，人民日报、新华社、中央人民广播电台、中央电视台、光明日报、经济日报、中国日报、中新社等国家级新闻单位以及河南日报、河南人民广播电台、河南电视台等省内权威媒体，纷纷派出新闻记者，全程报道中国开封菊花文化节。在手机媒体平台上，菊花文化节成为名副其实的热点话题，腾讯新闻客户端、“今日头条”客户端以及新浪微博等，全方位、多层次的宣传推介，让菊展通过手机绽放在全国。中央电视台则连续多年报道开封菊花盛景，展示菊花的魅力。无论是在国内权威媒体和机构的心目中，还是在菊花领域专家的严格审视下，开封菊花都是一块金光闪闪的“招牌”。

秋菊如诗，清茶如词，这里风姿绰约，这里诗意流淌。在开封这片生机无限的土地上，奇迹总在不断创造，希望总在不停生长。2016年中国开封第34届菊花文化节，开封以满城的菊韵茶香待客，炫彩菊让游客惊叹菊花的美丽，给世人留下了无尽的赞叹。明年菊花盛开时，这座千年古城又将向人们讲述怎

图2　媒体采访

图3　参观菊花种植基地

图 4　开封菊花文化节全景

样的传奇？

## 五、以菊带产，节会产业齐头并进

中国开封菊花文化节以突出菊花文化、振兴菊花产业、推动交流合作、促进城市发展为目的，通过菊花文化节，开封将诸多文化元素融入城市建设之中，更积极、更自觉、更主动地开展城市品牌传播活动，在更高的水准上策划举办大规模、有影响力的大型文化节会，展示和树立了城市良好的品牌形象，促进了开封经济文化发展，加快了国际文化旅游名城建设步伐。菊花文化节的成功举办，为开封菊花种植基地的快速发展带来了更直接的推动作用，催生了一系列菊花相关产品的研发和推广，最终形成了一个特色产业，在另一方面又丰富了菊花文化节的文化内涵。

据不完全统计，目前开封全市各类菊花种植达 3800 余亩，从业人员 3000 余人，分布在市城乡一体化示范区、龙亭区、禹王台区、顺河回族区、祥符区等，年产菊花 750 余万盆，菊花及菊花相关产品年产值 2 亿余元，销售区域覆盖除西藏、海南以外的各省、自治区、直辖市。开封市现有菊花行业 AAAAA 级企业 9 家，AAAA 级企业 1 家，AAA 级企业 4 家，在新疆、扬州、麻城等地分别建有菊花基地。

截至目前，开封菊花深加工的产品有菊花茶、菊花酒、菊花精油、叶黄素、菊花香皂、菊花瓷、菊花酥、菊花枕等，在中国开封菊花文化节期间，还举办了诸如全国菊花相关商品艺术品展示交易大会、菊花印象相关产品创意大赛等活动，全面展示了与菊花相关的食品、饮品和工艺美术品，开展了形式多样的宣传推介和交流合作活动。同时还将继续举办了菊花相关产品展，将目前现有的菊花相关产品和创意大赛中的研发产品在市内五个主会场（龙亭公园、铁塔公园、天波杨府、清明上河园、中国翰园）、市外“开封菊花万里行”活动中进行展示，促进产销对接、拉长产业链条，扩大菊花商品和艺术品在全国的知名度，培育相关消费市场，努力把开封打造成全国菊花商品和艺术品交易中心。

推动菊花文化产业发展的道路还很漫长，开封菊花产业的发展与转型尚存在不少需要解决的障碍与问题，还有待于进一步的研究、探索与创新，我们将和全国从事菊花事业的同仁们共同努力，不断弘扬菊花文化、传承菊花精神，菊花也会为建设美丽中国、绿色中国做出新的更大贡献。

# 南京农业大学菊花新品种选育及应用

南京农业大学园艺学院　房伟民　管志勇

## 一、品种资源收集与保存

南京农业大学收集保存菊花资源 5000 余份，建成“中国菊花种质资源保存中心”。

1. 收集保存切花菊品种资源 1000 余份

（1）大花单头型：100 余个，含黄、白、粉、紫、红、绿等色系；莲座、芍药、管盘等花型。

（2）小花多头型：900 余个，含黄、白、粉、紫、红、绿、间、双等色系；单瓣、复瓣、托桂、蜂窝、莲座、风车（雀舌）等花型。

2. 收集保存盆栽和地被菊等品种资源 2000 余份

（1）传统秋菊 1600 余个。

（2）盆栽、地被和造型等小菊品种 400 余个。

（3）食用、茶用、药用等品种 50 余个。

3. 收集保存菊属及其近缘野生种质 300 余份

4. 保存手段

（1）田间保存：目前主要的保存手段，保存全部品种 3200 余份，种质 5000 余份。

（2）离体保存：采用低温离体缓慢生长方法进行保存重要材料 800 余份，将完成 2000 份以上材料，解决易感病（毒）、易混乱、易丢失、成本高等问题。

以杂交、远缘杂交等手段培育新品种 300 多个，其中申请新品种或鉴定品种 70 余个。

## 二、新品种示范基地建设与展示

（1）基地建设和推广：与政府和企业合作，在江苏南京、淮安、盐城及上海、深圳、

图 1　菊花栽培品种资源保存

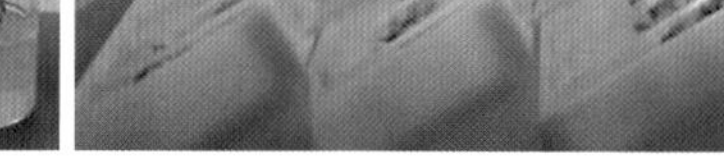

图 2　菊花离体缓慢生长保存（12 个月 / 继代）

图 3　切花菊品种资源

图 4　盆栽、地被菊资源圃

种质资源保存手段 表 1

| 母本保存方法 | 保存时间 | 保存成本（1 万株母株） | 保存效果 |
|---|---|---|---|
| 缓慢生长保存 | 12 个月 | 用地 $10m^2$、人工 0.1 个，成本 <0.4 万元 | 无混杂、无丢失，保持种性 |
| 田间保存 | 3~4 个月 | 用地 3 亩、人工 3 个，成本 >6 万元 | 种源可能发生混杂、丢失，保持种性 |

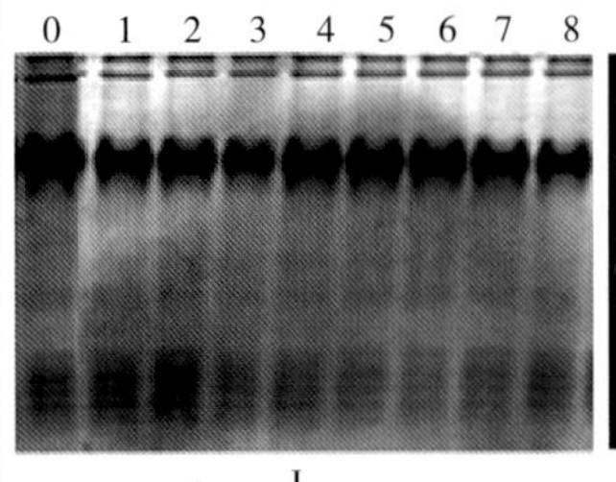


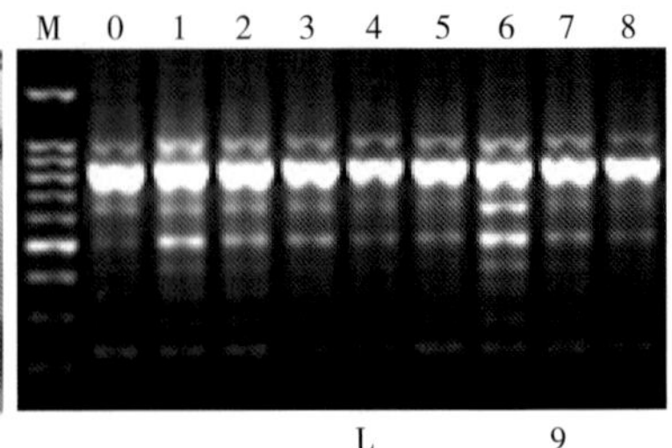


J L 9

图 5　菊花种苗脱毒

秦淮粉牡丹

秦淮粉玉

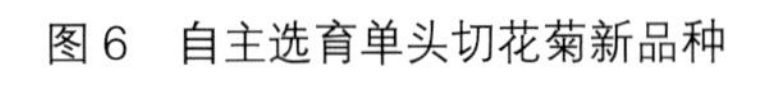

图 6　自主选育单头切花菊新品种

南农小草莓

南农丽珀

图 7　自主选育切花小菊新品种——托桂型（Anemone）

南农媛绿

南农紫珠

图 8　自主选育切花小菊新品种——蜂窝型（Pompon）

南农炫虹

南农彩云间

图 9　自主选育切花小菊新品种——单瓣型（Daisy）

南农粉庐　南农嵩霞　南农岱雪　南农嵩芒

图 10　自主选育切花小菊新品种——莲座型（Decorative）

南农鸢萝　南农丽风车　南农秀风车　南农金蝴蝶

图 11　自主选育切花小菊新品种——风车型（Spider）

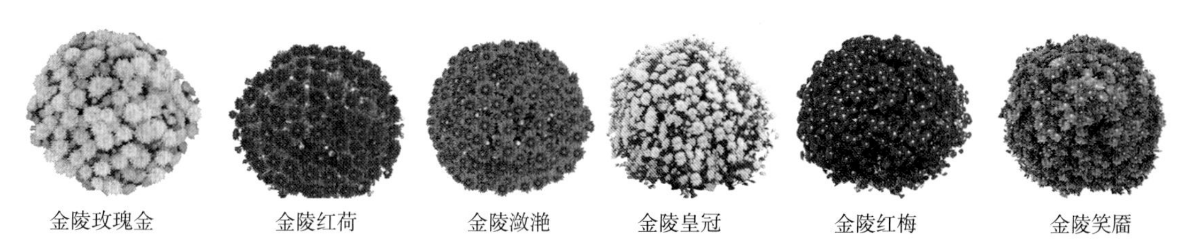

金陵玫瑰金　金陵红荷　金陵潋滟　金陵皇冠　金陵红梅　金陵笑靥

图 12　自主选育园林国庆小菊（金陵系列）

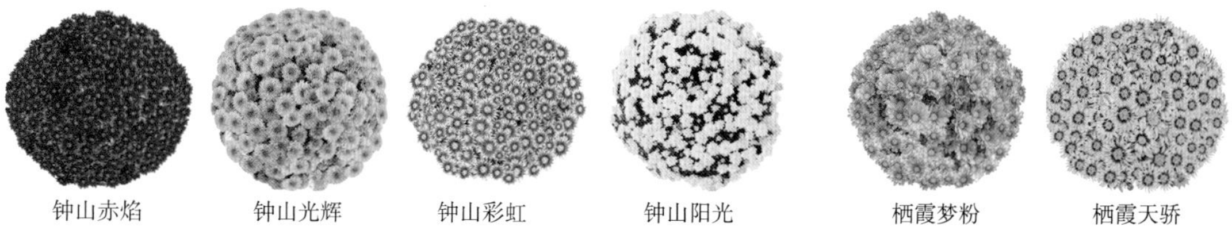

钟山赤焰　钟山光辉　钟山彩虹　钟山阳光　栖霞梦粉　栖霞天骄

图 13　自主选育园林秋小菊（钟山系列）

图 14　自主选育盆栽小菊（栖霞系列）

苏花 1 号　苏花 2 号　苏花 3 号　延命乐　黄莲羹　紫凤牡丹

图 15　部分食用菊品种

苏菊 1 号

苏菊 2 号

图 16　自主茶用菊品种

贵州、天津、安徽等地，建立多个生产示范、休闲旅游与专题展示基地。

（2）企业合作推广：与上海虹华园艺公司、云南丰岛园艺公司、云南虹之华园艺公司等企业建立了合作关系，开展新品种的中试与推广。

1. 基地建设

南京农业大学湖熟菊花基地占地 120 亩，是南农大菊花研究团队的研发基地，承担菊花种质资源保存，菊花新品种选育、栽培试验和科研成果示范功能。自 2013 年建成便吸引了市民自发的参观游览，研发团队本着发扬传统名花的精神、复兴菊花的宗旨，早在研发基地仅有 25 亩的规模时就一直无偿对市民开放，赏菊人数逐年上升。新基地建成后当地政府联合南农大菊花研究团队至 2016 年年末已经连续举办了四届湖熟菊花节展览，据当地政府的测算，四届菊花展已累计吸引市民 220 万余人次参观。每年菊展花开期间，赏菊人数络绎不绝，为名不见经传的湖熟小镇带来了足够的人气，平时显得宽阔的“大路”骤然车水马龙，2014 年菊花展期间甚至造成严重的交通拥堵，每逢周末在 6km 的道路上投入 50 名交警也不能缓解交通，停车位也一票难求，附近的农家饭等着翻桌甚至长达 1 个小时，足显得菊花受人喜爱，赏菊人气之高。旺盛的人气给菊花园周边带来了商机，湖熟大米、湖熟板鸭、湖熟农家菜地蔬菜等农产品由于菊花做“媒”而不愁销路，而且是顾客上门来买。根据政府的统计每年由于湖熟菊花展给当地的经济带动规模约 1500 万～2000 万元。菊花节的成功举办也整体带动了附近社区的整体发展，促进了交通、环境、镇容村貌的提升。以“菊花”为创意休闲农业的主角，以科研团队为技术支撑，政府推动为平台的“湖熟菊花”模式开始由南京走向各地，近三年来，以湖熟模式为蓝本相继建成了：淮安白马湖菊花园（150 亩）、盐城射阳江苏鹤乡菊海菊花园（380 亩）、上海松江菊花园（320 亩）、安徽滁州菊花博览园（350 亩）、天津宝坻林海龙湾菊花园（150 亩）、贵州黔东南菊花谷等菊花观光园，均取得良好的经济效益和社会效益，赢得国家及省市媒体的广泛关注。

图 17　南京农业大学湖熟菊花基地（120 亩、温室 2.4 万 $m^2$）

这其中的盐城射阳鹤乡菊海菊花园（380 亩）、安徽滁州菊花博览园（350 亩）又是功能性菊花的主产区，射阳鹤乡菊海位于洋马白菊的产区，栽培面积 6 万亩左右，滁州菊花博览园位于滁菊主产区，栽培面积万余亩。依托产业背景，打造核心园区，可以起到快速提升形象的作用，从而将一产、二产、三产联合，串起了菊花产业，对当地经济起到显著的带动作用。盐城射阳鹤乡菊海菊花园引进南农大观赏品种后首次开园就创建了历届菊花节的赏菊人数最高纪录，日游客量最高达万人，菊展期间累计接纳游客 30 万人。安徽滁州菊花博览园也在 2015 年首次开园造成干道拥堵的“热闹”场面。

不同于在城市园林中的菊艺盆栽等精雕细琢的菊展形式，借助于多花型小菊在花田营造上的优势，我们发挥了菊花品种在金秋十月农业观光旅游上的优势，多花型小菊生性相对大花传统菊强健，只要水分管理得当，没有严重灾害性天气，其生长势旺，色彩艳丽丰富，且整体花期长，易于形成效果，亦可大块面布置、亦可作细腻图案，根据各自实际操作，这种花田景观对菊花栽培技艺依赖相对较低，平地、坡地、丘陵均可，均有良好的景观效果。

2. 新品种展示应用

（1）园林应用：广泛应用于各种节庆、展会等景观布置。

（2）带动乡村旅游：在南京、淮安、盐城、滁州、上海、天津、贵州、浙江等地建成休闲旅游基地10余个，形成“南农菊花”品牌，弘扬了菊花文化。

图18　南京农业大学淮安白马湖菊花基地

图19　种苗产业化

图20　切花菊规模化生产

图21　上海鲜花港菊花展（南京农业大学金陵系列小菊布展）

图22　中国第八届常州花博会（南京农业大学金陵系列小菊布展）

图23　南京农业大学110周年校庆菊花装饰场景

图24　南京农业大学湖熟菊花基地（占地150余亩）

图 25　南京农业大学淮安白马湖菊花基地

图 26　南京农业大学淮安白马湖菊花室内展

图 27　安徽滁州菊花博览园（与南京农业大学共建，占地 800 余亩）

图 28　上海松江菊花园（与南京农业大学共建，占地 300 余亩）

图 29　天津宝坻林海龙湾菊花基地（与南京农业大学共建，占地 200 余亩）

图 30　盐城射阳鹤乡菊海（与南京农业大学共建，占地 500 余亩）

图 31　贵州黔东南菊花谷（与南京农业大学共建，占地 500 余亩）

# 小榄菊花会与菊花文化

中山市小榄菊花文化促进会　项建东

## 一、小榄菊花会历史

小榄是中国早期菊展的发源地之一。小榄人最初与菊花结缘于宋元时期。南宋咸淳十年（1274年）金秋，小榄先民为避战乱南迁至小榄，见遍野黄菊，遂于此垦荒定居。至明代，小榄艺菊、咏菊之风逐步兴盛于乡中名门望族、文人墨客等群体之中。至清代，赏菊、赛菊、咏菊风气在小榄民间愈加浓厚，艺菊水平日臻成熟。清乾隆元年（1736年）始有正规赛菊，名为“菊试”，后改办“菊社”。乾隆四十七年（1782年）始，乡人把零散的“菊社”联合起来，改办“菊花大会”，小规模的赏菊雅集成为民间盛事。

清嘉庆十九年（甲戌，1814年），乡人为纪念先辈于南宋咸淳十年（甲戌）的定居之功，乡内十大“菊社”联合举办一次大型菊花会。此后，乡人遂商定以后每逢甲戌年（即每隔60年）举行这一盛会。之后的1874年、1934年和1994年都分别举办了甲戌菊花大会。1994年第四届（甲戌）小榄菊花大会期间，共展出1500多个品种菊花、82万多盆，各类菊花造景200多组，布展范围达10km$^2$，相继举办各类文化交流活动30多场，19天会期共吸引了国内外游客逾600万人，全面带动镇内经贸、旅游、酒店、饮食、现代农业的发展。

新中国成立后，小榄的艺菊传统得到进一步继承和发扬，小榄人除秉承传统每隔60年举办一届甲戌菊花盛会外，还每隔10年举行一次中型菊会，每年举办一次小型菊会，逐渐发展成为全国闻名的“菊城”。2007年，小榄作为首个以镇级承办单位，成功举办了第九届中国（中山·小榄）菊花展览会，共有来自国内25个省市以及日本、韩国及马来西亚等国家的45个城市和地区参展，参展单位达123家，期间还举行了2007年中国（中山·小榄）国际菊花研讨会暨中国菊花研究专业委员会第十六届年会、五人龙舟锦标赛、大型烟花汇演以及数十场菊花主题的文艺展演赛事活动，20天的展期参观人数高达300多万人次，更以高达24.43m的花卉楼和品种达513个的单株嫁接大立菊创下两项吉尼斯世界纪录。

此后的菊花会紧随时代发展步伐，实现“一年一主题、一年一特色”。2010年结合广州亚运会的年度热点，菊花会以“全民齐健身，生活更美好”为主题，体现全民健身与亚运同行的时代风尚。2012年菊花会紧扣“行修身正德，建和美家园”主题，推广全民种菊行动，鼓励市民、企业、社区种菊送展，实现“全民参与，共商盛举”的活动理念。2014年菊花会为了纪念小榄菊花会200周年，以“金秋小榄·美丽菊城”为主题，综合展示“菊花与传统”、“菊花与时尚”、“菊花与生活”、“菊花与文化”等内容。同时，首次使用菊花园建设用地布展，首次尝试政府主导市场运作模式，取得了良好的效果。2016年为纪念孙中山诞辰150周年，举办了以“博爱中山·魅力小榄”为主题的菊花会，首次加入了灯光秀。

## 二、小榄菊花文化发展

小榄菊花会始终秉承着“以菊为媒、增进交流、扩大开放、促进发展”的理念，可以说小榄菊花会从一开始就不仅仅是单纯的花卉欣赏，更是一项具有丰富文化内涵、颇具特色的大型综合性民俗活动，其活动性质、活动内容、活动形式，处处突显菊花文化的丰富内涵，共同营造浓郁的文化氛围。历届菊花会，大体都有以下内容：

一是菊艺展示。这是历届菊花会的重头戏，包括品种菊、大立菊、盆景菊、悬崖菊、树菊、柱菊、塔菊、造型菊和各类菊花造型景点等，布展形式从过去的庙会格局发展成游园式或广场文化格局，并配置各种艺术灯饰，以灯映菊，以菊衬灯，灯景交融，层次迷离，气

图 1　菊艺展示

图 2　品种菊

图 3　大立菊

图 4　盆景菊

柱菊

悬崖菊

塔菊

图 5　各种造型菊

图 6　菊花造型景点

图 7　艺术灯饰

图 8　2016 年菊艺评奖赛

图 9　菊花诗歌朗诵活动

势壮观，形成花海世界。

二是菊艺评赛。从清代开始的菊花会菊赛就是其中的重要形式，根据各种类型的菊艺作品订出不同的标准，组织大会评赛机构对参赛作品逐一评选，对优胜者分别进行颁奖，并公之于众。旨在推动菊艺探索，改革创新，不断进取。

图 10　曲艺社戏、文艺演出

三是征诗征联。每届的菊花会组织者都会确立命题，向各地诚征佳作，邀请名人评阅，选出优异作品会期展示，或作为门楼牌坊的对联、或作为展示的诗牌景点的内容，并出版诗联文集。

四是曲艺社戏、文艺演出。这是每次菊事活动必不可少的娱乐活动，古时搭戏台唱大戏，现如今大小演出场所和广场文艺演出活动丰富多彩，有当地粤剧、杂技、歌舞等形式。

五是文化展览和比赛。文化展览和比赛也是菊花会不可或缺的主要内容，历届菊花会都有盆景展、文物藏品展、文学作品诗联展、书法美术作品展和比赛、摄影作品展比赛、手工艺术作品展和比赛、艺术插花展和比赛、图片展等等，丰富多彩，琳琅满目。

六是民俗活动。小榄有着丰富的非物质文化遗产，民俗民间活动五彩缤纷，每年的菊花会正是我们综合展示的好时机。较有特色的项目有：①五人飞艇赛；②水上飘色（飘色巡游）；③风筝赛；④舞龙舞狮；⑤民间巡游等传统的项目。

七是菊花饮食活动。小榄人爱菊，不仅精于菊艺的栽培，且精于菊馔的研究。①菊花宴，指席上的各种菜肴、点心和饮料，均以菊花为材料。素以色香、味美、清淡、高雅而驰名。风味可人、是名贵宴席。菊宴用之菊花，多选用匙瓣菊类，品种很多，尤以黄莲羹、紫凤牡丹、白莲羹、梨香菊等菊花为优。但常以多色混用，以增菜肴美感。每年菊花会期，都会举行菊花饮食大赛。②菊花食品：菊花肉、菊花饼、菊花糖、菊花蛋卷、菊花酒、菊花粥、菊花鱼球等。

菊花会作为小榄镇民俗文化的精华集结，从菊试、菊社到菊节、菊会，均产生出大量的诗、词、联、赋、书、画等作品，形成厚重的文化积淀，广泛延伸出具有小榄本土特色的菊花文化。每年菊花会期间，镇内各类文艺团体以菊花为主题开展丰富多彩的创作、展演活

图 11　文化展览和比赛

图 12　民俗活动——五人飞艇赛

图 13　民俗活动——水上飘色（飘色巡游）

图 14　民俗活动——风筝赛、舞龙舞狮

图 15　菊花饮食活动

小榄特产茶薇酒

小榄特产杏仁饼

菊花三色拼盘

小榄菊花鱼球

小榄特产茶薇蛋卷

菊花三蛇羹

菊花酥

图 16　菊花食品

图 17　小榄菊花出版物

图 18　小榄菊花丰富的活动——菊花长卷图

动，涉及文学、美术、书法、摄影、音乐、舞蹈、书籍出版等多个领域，创作出无数优秀作品，以不同形式诠释、展示了菊花文化的丰富内涵。

同时，在全镇 75 所中小学、幼儿园的庞大师生队伍中，小榄也开启了“一个课题、百种创意”的校园菊花文化创建之路。2006 年以来，作为国家美育课题的子课题“菊花文化在美育中的实践与探究”在全镇 21 所学校以及艺术培训中心全面铺开，取得菊花陶艺、菊花拼贴、木刻版画、水墨教学、毛线花等教学成果，形成了“一校一队伍，一校一精品”特色；2014 年为纪念小榄菊花会 200 周年，1000 多名师生再次创作了长达 200m 的菊花长卷图；在 2008 年广东国际旅游文化节闭幕式上，小榄镇700名学生展示了“菊花仙子舞”。

## 三、小榄菊花会效益

历届小榄菊花会，都以其传统性、文化性和综合性三大特色，吸引着四面八方慕名前来的游客，在社会效益、环境效益、经济效益等方面都取到显著的成绩。

1. 小榄菊花会的社会效益

由于小榄菊花会显著的特色、悠久的历史、深厚的文化，2004 年 11 月，国家文化部确定小榄为“中国民间艺术（菊花文化）之乡”。2006 年，小榄菊花会被列入首批国家级非物质文化遗产保护名录。2007 年，被中国风景园林学会命名为“中国菊艺之乡”。自 1994 年甲戌菊花大会以来，小榄的大立菊栽培作品和菊艺裱扎造景先后创下 4 项英国吉尼斯世界纪录和 5 项上海大世界吉尼斯纪录，曾远赴北京、天津、中国香港、无锡、开封、福建、杭州等城市参展，并与日本国华园株式会社、韩国花卉生产者联合会、韩国首都圈填买地管理公社等机构作菊艺交流。小榄应韩国邀请代表中国制作的菊花造景于 2014 年韩国仁川亚运会期间的菊花节中展出，让小榄菊花走

图 19　菊花文化园

向了世界。

2. 小榄菊花会的环境效益

1994 年小榄举办 60 年一届的甲戌小榄菊花大会，为成功举办这届大型的盛会，加快了小榄新城区的建设，一座新城在菊花大会前拔地而起。1996 年全国村镇建设会议在小榄召开，小榄镇被全体代表推荐成为“村镇建设全国楷模”。近年来，菊花会期间必有五人龙舟赛，为把活动与改造环境结合起来，我们每年在不同的水道举行，因此每年清理整顿一条河道，完成了全镇雨污分流系统工程，环境得到了改善，鱼虾又回到小河里。此外，通过 2014 年、2016 年两年小榄菊花会的举办，推动了小榄菊花园的建设，现在综合水乡文化、饮食文化、园艺文化等元素的菊花文化旅游项目——菊花文化园已初显雏形。

3. 小榄菊花会的经济效益

历届菊花会，特别是 1979 年改革开放后，小榄每次菊事活动都与经贸活动紧密互动，通过以菊会友，以花传情，菊花搭台，经贸唱戏，镇内各工贸单位都充分利用菊会时机，加强与海内外业务单位、客商的联系，邀请各地客商亲临小榄，在菊会期间举办各类产品订货会、业务洽谈会、用户座谈会和行业联谊会等，宣传企业形象，宣传投资环境，洽谈经贸合作及招商引资。

同时，带动了花木产业的发展，2000 年获得国家林业局授予的“中国花木之乡”称号。振兴了旅游事业，每遇中、大型的菊花会，小榄镇的大街小巷都是外地游客，各行各业生意兴隆，初步统计每届中型以上菊花会期间到小榄的游客达 300 万～600 万之间。大大带动了小榄镇各项事业的发展。

广东省城镇化发展“十二五”规划（粤府办〔2013〕8 号）中提出，要围绕文化资源、文化创意产业、文化景观、文化场所等关键领域，创造良好的城市人文环境，推进岭南文化城市建设。规划提出推进中山小榄、中山大涌、东莞寮步等文化旅游小镇建设。

此外，本土企业还将菊花文化引入企业、行业之中，以“菊”为名、以“菊”入产、以“菊”塑魂，形成了独特的菊花企业文化，打造出榄菊日化、棕榈园林、嘉美乐食品、小榄村镇银行、菊城酒店、菊城酒厂、菊城假期等品牌。菊花的精气神韵已与小榄人融为一体，成为现代小榄人把握先机、开拓进取的原创生命力。

# 杭州菊花的文化与应用

杭州市园林文物局灵隐管理处（杭州花圃） 唐宇力 朱炜 王俊 朱艺慧

## 一、菊花在杭州的起源历史

杭州地区对菊花的栽培发展始于晋代，从大量的诗词歌赋中对菊花的品赏便能看出文人雅士对菊花的青睐。在杭州从宋朝开始就有了菊谱，上面记载了菊花的品种名称及品种介绍；作为中药材的杭白菊也在宋朝开始在杭州地区种植。到明代，菊谱上的记录不仅仅只有名称和品种介绍，还有创新，对于菊花的花形、花色、叶形、株高和栽培都有了记载；在清代，对菊花的瓣形也有了细致划分，并对艺菊栽培有了更深的探究。

## 二、菊花在杭州地区的发展

1. 南北朝

菊花在南北朝时期已经作为野生植物在杭州地区生长了，到晋代开始人工栽培，唐朝时期，杭州地区对菊花的栽培也普遍起来了，同时作为重阳节的风俗，开始了饮菊、赏菊，同时也受到文人雅士的青睐，陆续出现了大量的诗词歌赋。如《寻陆渐鸿不遇》、《九日与陆处士羽饮茶》、《忆白菊》等。大量的诗词歌赋证明了菊花在杭州出现之早。到了南宋时期，随着政治、文化、经济中心的转移，杭州菊花栽培也空前繁荣起来，菊花记载开始有了菊谱的出现，从菊谱的记载中，我们可以了解到很多当时杭州的菊花品种。随着栽培技术的提高，菊花的着花率增加了，花形也多样化发展了，花色也多种多样了。杭州菊花在宋朝时期已经有了菊展的记载，且始于杭州，因有了宫廷组织的菊花会、赛菊会，菊花已从露地栽培发展成盆栽，也促进了艺菊的发展。

2. 宋朝时期

金秋菊花盛开的时候，杭州城都会有赏菊活动，重阳节也都会摆菊、点菊花灯等活动。宋人因对菊花的喜爱，在这一时期，出现了大量关于菊花的诗词歌赋，如《九日陪旧参政蔡侍郎宴颍州西湖》、《西湖席上呈张学士》、《别西湖》、《西溪丛语》等都有记载菊花在杭州的发展以及受杭州文人雅士的喜爱程度。而此时菊花的药用及食用方面也得到了开发，有《菊谱》中记载："苗可以菜，花可以药，囊可以枕，酿可以饮"，深受人们的喜欢，也说明杭州菊花在当时已经完全融入了人们的日常生活。

3. 明朝时期

明朝时期，在南宋杭州人们对菊花的生长习性、栽培方法有了较系统的认识，也增加了对艺菊栽培过程中的处理方法以及嫁接与栽培措施，懂得利用自然杂交来培育新品种。这一时期，菊花丰富的花色、品种也引来名流志士的赞赏，感叹它傲睨风霜的气节，因此这一时期也出现了大量赏菊、颂菊的诗词，诗人也都会借菊来表现自己的品格，在《西湖游览志馀》中也记载了当时菊花的花色繁多。

4. 清朝时期

到了清朝时期，杭菊药用、茶饮已经很盛行，也被作为茶饮佳品进贡皇宫，在《本草纲目拾遗》和《本草从新》中对杭菊都有记载，足可见当时杭菊在菊花中的地位了，杭菊也是浙江地区重要的药材之一，分为杭白菊、杭黄菊，主要以黄菊入药、白菊茶饮，并与安徽滁菊、亳菊、河南邓菊齐名，这一时期，杭城一带农民的主要产业之一就是将杭菊作为经济作物来种植，当时的发展规模也很大。

## 三、杭白菊的茶饮及菊花药饮的发展历史

杭州历来有菊花作茶饮药饮，据《本草纲目拾遗》记载："黄色者有高脚黄等名品，紫蒂者名紫蒂盘桓，白色千叶名千叶玉玲珑，徽人茶铺多买焙干作点茶用。"可见也不是所有菊花都可以用作茶饮，要选花小颜色泛黄的菊

图 1　杭白菊茶饮

花才是入茶最佳商品。杭白菊原产桐乡，但都被冠名为“杭白菊”而名扬四海，成为今天杭州的一种品牌产品。杭白菊入茶，清淡雅香，早在唐朝就已经有了饮菊茶的记载，在菊茶盛行时期，也有了关于菊花茶制作工艺的记载，杭白菊也作为经济作物盛行久远，从唐朝开始种植至今，一直深受人们的喜爱，将杭白菊作茶饮可以清火、可以明目、可以养肝润喉，还可以与其他不同的花品药材搭配泡茶冲饮又具有不同的功效，菊花中的黄酮类不仅可以防止血管硬化，还可以抗老化、防衰老，被列为浙江八大药材之一。

杭白菊经引种、驯化、诱变的栽培过程，在每年的 10 月底，杭白菊开始采摘，前后可以采摘 5 次左右，越靠后采收品质越差，所以特级的杭白菊产量是有限的。此外，菊花还可以解酒、酿酒、作枕、食用。

（1）重阳“饮菊酒”的风俗大约起源于汉代，在那时候就有了“九月九日佩茱萸，食蓬饵，饮菊酒”的习俗，在当时，是“菊花舒时，并采茎叶，杂黍为酿之，至来年九月九日始熟，就饮焉，故谓之菊花酒”。

（2）明清时期，菊花糕逐渐流行起来，清代有菊花饼法“黄甘菊去蒂，捣去汁，白糖和匀，印饼。”

（3）菊花糕和菊花酒制作比较简单，现在，在一些地区依然保存着传统的菊花糕的制作工艺。

## 四、新中国成立后杭州菊花事业发展历程

（1）在民国时期，杭州举办了多次菊展，吸引了上万人前往参观，而杭菊在这一时期依然占有很重要的位置，种植杭菊一直是杭州人的重要经济收入来源之一，乔司、临平、塘栖一带作为“杭四味”的主要产地，杭四味即为：杭白菊、杭荆芥、杭元参、杭白芷。杭菊因其气味醇静，菊味甘缓带清香，品质最佳，试验需求量最大。

（2）新中国成立以后，在杭州市人民政府的重视下，杭州市园林文物局成立了杭州花圃，并且在杭州花圃有了专业的生产组进行菊花品种的培育，而且在艺菊的栽培技术上有了很大的提高，培育出立菊、悬崖菊、挂篮菊、标本菊、镶嵌菊等，菊花的品质也有了很大的提高。十年动乱，菊花产业受到摧残很严重。但是在菊花培育中，已经形成了一个完整的栽培、培育的理论技术体系，所以陆续出现了很多新品种。而此时，杭州的园艺工作者已经可以利用生物学特性对菊花进行催延花期，在每年的秋季都会举行小规模的菊展，每次都会有许多新品种出现，艺菊的发展，使菊花有了更多的观赏方面，传达出了更多的审美价值，杭州在 1986 年开发的切花技术，是对生活品质的提高，也是对切花需求的提高。在 20 世纪 80 年代后杭州先后举办多次菊展，而菊展也从当初的以品种展示为主到现今以“千年菊韵，梦绕宋都”为主题的两宋菊花艺术节，更重视人文交流。

（3）目前杭州花圃圃地内现今存有大菊品种 750 余种，小菊品种 50 余个，种植面积 $300m^2$ 左右。

## 五、菊花在杭州的应用

（1）自菊花发现以来，杭州在宋朝就开始有组织有规模的菊展，从那个时候起，菊花已

图 2　菊花诗词（资料来源：网络）

图 3　历史中的菊花文化

图 4　菊展中菊花的应用

图 5　两宋菊花文化节

经被人们从“野外”搬进“家里”，由露地改为了盆栽，便于管理和栽培。每到菊展、花会时节，杭州城都会摆放大量菊花供游人欣赏，文人雅士也都争相赋诗会酒，品茗咏菊。宋人对菊花的评价甚高，菊花的品性和冰清玉洁及形质兼美的外形使得菊花深受文人墨客的眷顾，南宋杭州有画家、诗人等文人墨客画下的美画，写下的诗篇都赞赏着菊之美、菊之恋、菊之品性，都深深地吸引着这些爱菊人。李清照在杭居住期间也写下了“东篱把酒黄昏后，有暗香盈袖，莫道不消魂，卷帘西风，人比黄花瘦。”许多诗人在游西湖写下的不少诗篇词句中也有菊花的影子，可谓是深入人心。

（2）菊花是中国十大名花之一，花中四君子（梅、兰、竹、菊）之一，近年来随着菊花产业的蓬勃发展，种菊、养菊、赏菊的人越来越多，每次杭城菊展都会吸引一大批游人的观赏，丰富的花形、亮丽的颜色还是吸引着人们的眼睛。在技艺水平的不断发展中，菊花在菊展中将自身的美丽淋漓尽致地展现在大家的眼前。

2014 年在杭州举办的两宋菊花艺术节是“人间天堂”之称的杭州和“菊花之乡”的开封两大历史文化名城首次联姻，以“北宋都城”和“南宋都城”的名义，共同打造菊花盛会，并以此为契机，弘扬两宋文化，促进两市文化、旅游等各领域的进一步交流合作。艺术节中，如果说开封的菊花品种和造型显示了北方花展的生动、大方，那么杭州的菊花品种代表了江南的独特韵味。南方的菊花相对小巧

图 6　景点的大气与精巧

图 7　北宋的宏伟之于南宋的小桥流水

图 8　菊花版杭州三绝

图 9　菊酒醉金秋

图 10　菊艺插花

图 11　菊花摄影照片

图 12　挂篮菊初期

图 13　小菊在节点中的应用

玲珑，造型精致，数量密集，特别适合布展园林花艺造型。使用菊花和红绿草等材料来展示“活字”，通过“食店区、酒肆区、食物区”的展示引出南宋京城（杭州）的繁荣。还有菊花版的“地铁、市民中心、运河”的主题造型，也充分展示了杭城的独有特色。

两宋菊花艺术节总展区面积达5万多$m^2$，展区分为开封菊花展示区、景区管理处和绿化行业协会布置的室外景点展示区、成语典故展示区、观赏鱼和组合盆栽展示区、环境布置区、菊文化科普展示区、群众交流活动区。本届菊花艺术节布置用菊达30万余盆，时花10万余盆，展示各类菊花品种达800余种，琳琅满目、精彩纷呈，形成南北菊花争奇斗艳。

菊花版的杭州三绝：扇子、茶叶和丝绸。将扇子、茶叶和丝绸合为一体，以茶园为前提，三把立体扇子为主景，三片丝绸为背景，同时增加各种造型菊，使作品更为丰满。

近年来在杭州菊花展会中，菊花不再单纯地只是赏花，而是会以多种形态出现在人们的生活中，比如书画比赛、摄影比赛、插花比赛、菊花专题讲座等等，这些活动丰富了人们的生活，增加了生活的乐趣，将菊花文化、菊花品性、菊花的栽培方法也将通过这些活动融入人们的生活。在菊花会展中，使人们在观赏菊花形态的同时，品味菊花的韵，感悟菊花的魂，达到心情愉悦和精神上的升华，不断寻求文化新突破，壮大文化产业，充实菊花文化内涵。持续扩大群众参与度，将菊花文化节打造成为人民的节日，以文化活动展示菊花文化。

随着杭州菊花栽培技艺的提升，各种艺菊争相露面：大立菊、悬崖菊、塔菊、盆景菊、挂篮菊。大立菊以花多、花圈直径大而吸引人们，多用于节日庆典与菊展，极其壮观；盆景菊又称梅桩菊，是杭州传统的一种菊花造型；相比之下，杭州特有的挂篮菊是最引人注目的了，是杭州艺菊中的一绝。挂篮菊近年来已经少有人种植，但是挂篮菊的观赏效果还是深入人心。早在20世纪40年代由杭州菊花艺人创造，后经艺人改造一直传承至今，它对所选小菊品种要求较高，它移栽时需倒种，换盆后进

图 14　悬崖菊

图 15　盆景菊

图 16　菊花园林小品

图 17　菊花在环境中的应用（初期）

图 18　菊花在环境中的应用（现在）

行整枝，使菊苗枝叶茂盛，再将整个花盆翻过来，初生花蕾时进行吊扎整形。杭州每年都要举办菊展，对艺菊的需求量大，菊展布置的艺术水平不断提高，对艺菊造型样式的要求也有所提高。

艺菊的布置不局限于菊展中，绿地、节日庆典也会有需求，也就是说我们对菊花的培育也要与时俱进，不断发展创新，艺菊的造型要新颖、要多、要质量好，让人们领略到菊花的品种多、颜色多，欣赏到不同品种菊花的姿色风韵，让菊花呈现最佳观赏态。在造型手法上，以拼组代替裱扎，效果好，布展方便，在栽培中，可采用轻型的盆器，轻质的基质，这样既美观又便于运输。我们也要再加以深入开发、生产栽培出适合于市场不同需求的菊花种类，开拓菊花市场，获取菊花带来的社会效益

图 19　菊花立体造型

图 20　菊花在菊展中的专类园

图 21　菊艺盆景在花镜中的应用

图 22　菊艺盆景和小菊在布置花镜中的应用

和经济效益。

现阶段，菊花应用的范围越来越广，从原先单盆的悬崖菊欣赏到把悬崖菊用于环境的布置中去；盆景菊也不再局限于单盆仅用于观赏，而是将它布置与室外野趣的景点中回归于自然。在未来科技手段与菊艺技艺的进步，会将菊花产业发展得更好。

菊花技艺和社会的发展，使菊花在杭州环境中的应用从初始时期只是用于各个公园的花坛、花镜转变到立体造型，而且随着时间的推移，菊花品种的不断增多，小菊品种的加入，菊花在秋季已然成为各个花坛、花镜的主要原料，和其他时令花卉一起装点着各类园林绿地，还有菊花品种的专类园，或用于参观、摆设、售卖。

随着菊花在园林中的广泛应用和菊文化的发展，社会各界对菊花的重视程度也越来越高了，虽然异地花卉品种的引入和菊花培育成本比较高，但是菊花应用的多样性、杭州深厚的菊花文化一定会让更多的市民融入这个氛围中来，让更多的人实实在在地感受菊花之美、生活之美、城市之美、园林艺术之美。

# 无锡锡惠景区举办全国菊花展览介绍

无锡市锡惠公园管理处　房荣春　强小可　黄薇唯

锡惠景区景色宜人，有着优越的地理条件。于1992年和2007年作为主办方举办过第四届和第九届中国菊花展览会，并于2009年、2011年分别成功举办了第三届菊花精品展、菊艺大师作品展。同时，参与了多届中国菊花展和菊花精品展。

## 一、第九届中国菊花展览会

1. 展览日期

2007年10月21日～11月20日。

2. 展览地点

无锡市锡惠公园。

3. 主办单位

中国风景园林学会、江苏省建设厅、无锡市人民政府。

4. 承办单位

无锡市园林管理局、中国风景园林学会花卉盆景赏石分会、中国风景园林学会菊花分会。

5. 参展城市

北京、上海、天津、重庆、成都、南昌、长沙、开封、济南等45个城市和地区加盟参展。

6. 开幕式情况、参加领导

2007年10月21日，第九届中国菊花展览会在锡惠公园开幕。中国风景园林学会理事长周干峙、国际风景园林师联合会主席戴安妮·孟赛斯（Diane Menzies）、国际园艺生产者协会主席度卡·法巴尔（Doke C·Faber）、江苏省建设厅副厅长王翔，无锡市领导王咏红、周令根、刘鸿志、荣德海等出席了开幕式。

7. 比赛项目

本届菊展共设室外景点、展台布置、专项品种、案头菊、盆景菊、造型菊、悬崖菊、大立菊、塔菊、插花艺术、百菊赛、新品种和栽培新技术13个参展比赛项目。

8. 参展数量

来自北京、上海、天津、重庆、成都、南昌、长沙、开封、济南等45个城市和地区加盟参展，布展面积达35万$m^2$。共设24个室外景点、33个展台以及室内精品展馆、室内盆景展馆、造型菊展区、大立菊展区、悬崖菊展区、百菊赛展区、塔菊展区、立体花坛展区等。环境布展用菊达30万盆（株），另有1000多个国内及国外菊花品种首次在本届中国菊花展览会上亮相。

9. 展览介绍

2007年10月21日，由中国风景园林学会、江苏省建设厅、无锡市人民政府主办，无锡市园林管理局和中国风景园林学会花卉盆景赏石分会、中国风景园林学会菊花分会共同承办的以“菊花盛典·百姓乐园”为主题的第九届中国菊花展览会在锡惠公园拉开帷幕。

中国菊花展览会是三年一届的国家级专类花卉展览，也是我国规模最大、影响最广、参展城市最多的花事活动。本届菊展在参展品种、布展规模、参展城市数量上均创下历届之最，成为中国菊花界向世界展示中国菊文化和菊花栽培技艺的一大盛会，得到了国内外评委们的高度赞扬。由各参展城市推荐的专家组成的评比委员会，共评出荣誉大奖8个、特等奖26个、一等奖93个、二等奖121个、三等奖182个以及6个优秀设计奖和2个栽培新技术奖。

10. 景点介绍

室外景点是全国菊花展览的主要评比项目之一，起初主要是丰富展览内容，提高菊展的观赏性，后列为评比项目。发展至今，已成为全国菊花展览会展示城市地方特色文化的平台，广受老百姓喜爱。

室外景点创作要求主题明确、设计新颖，特色突出，进行布置的植物种类丰富，色彩搭配协调，并突出菊花。本届菊展有多达十几家参展城市进行了室外景点布置，其中不乏优秀作品，如山东临沂的“蒙上高·沂水长”，不仅地方特色浓郁，而且气势磅礴，创意独特，给人很强的视觉冲击；上海景点“菊园”，主题鲜明；

苏州景点“姑苏·菊花·印象”，运用现代的制作手法很好地展现了江南民俗文化，充分体现了苏州园林在造园艺术方面寻求突破的探索。

11. 展台布置

传统展台由主办方统一搭设，由各参展方以花卉进行布置，起初展台主要是作为展示花卉的载体，后演变为展台艺术，由各参展城市自行设计、制作。第九届全国菊展多数参展城市都独立设置展台，造型各异，地方文化特色鲜明，再用以菊花为主的花卉进行布置，给人强烈的视觉震撼，如重庆、北京、上海等城市的展台布置都堪称经典。

12. 获奖名单

（1）室外景点

荣誉大奖：山东“蒙山高　沂水长”；上海“菊园”；苏州“姑苏·菊花·印象”。

特等奖：嘉兴“禾墩秋稼”；南昌“战地黄花分外香”；南京“菊花仙韵”；无锡“好日子”。

一等奖：杭州“秋日菊茶”；江阴“幸福江阴”；南通“江风海韵”；泰州“承华菊苑”；扬州“瘦西湖”；中山小榄；淄博“淄博古韵”。

（2）展台布置

荣誉大奖：无锡、上海、北京、常州、重庆。

特等奖：武汉、苏州、南通、阜阳、扬州、连云港、德州。

一等奖：唐山、盐城、泰州、南昌、石家庄、嘉兴、临沂、济宁、天津、中山。

二等奖：宿迁、开封、昆明、开封翰园、开封菊协、大丰、长沙、济南、成都、镇江、杭州。

（3）专项品种评比

金奖：叶公好龙（独头），天津；叶公好龙（多头），唐山、无锡；黄鹤楼（独头），天津；黄鹤楼（多头），无锡、常州；苍龙爪（独头），无锡；苍龙爪（多头），无锡；鸳鸯河（独头），德州；鸳鸯河（多头），德州、无锡、开封翰园；醒狮图（独头），德州；醒狮图（多头），无锡；桃红柳绿（独头），天津；桃红柳绿（多头），开封翰园；洹水明珠（独头），南通、开封翰园；洹水明珠（多头），常州、无锡；碧玉勾盘（独头），南通；碧玉勾盘（多头），无锡、武汉；灰鸽（独头），南通、无锡；灰鸽（多头），北京、常州；芳溪秋雨（独头），德州、无锡；芳溪秋雨（多头），唐山、开封翰园。

银奖：苍龙爪（独头），唐山、开封。

（4）案头菊

金奖：绿朝云，武汉、开封翰园。

银奖：秋结晚红，苏州、常州、无锡。

（5）盆景菊

金奖：嫁接（桩型菊），石家庄；原本（桩型菊），武汉；附生（桩型菊），开封翰园；菊石（景型菊），济南；丛林（景型菊），上海；水旱（景型菊），北京。

（6）桩型菊

金奖：荆轲刺秦王（单株造型菊），济宁；二龙戏珠（单株造型菊），石家庄。

（7）悬崖菊

金奖：大悬崖菊，武汉、济宁。

（8）大立菊

金奖：独本，阜阳、开封翰园；多色，上海；多本，石家庄、苏州。

（9）塔菊

（10）插花艺术

金奖：长沙“秋之韵”，王平；上海“和”，陈跃春；苏州“奥运之光”，左建明；苏州“家园”，翁德奇。

银奖：重庆“奥运之光”，孙玉霞；杭州“生生不息”，张振羽；长沙“傲霜”，周红兵；上海“奥运之光”，朱迎迎；泰州“家园”，冯卫东；连云港“家园”，刘奕；北京“鸣秋”，刘志义。

铜奖：临沂“奥运之光”，叶斌；泰州“奥运之光”，王飞；长沙“家园”，周红兵；重庆“家园”，张岩；连云港“奥运之光”，李佳佳；杭州“四君子”，范建文；无锡“家园”，蔡秀娟；连云港“萧瑟风起菊又香”，徐海燕；苏州“松菊犹存”，陆伟；北京“菊香墨影”，王洪涛；连云港“秋月”，李佳佳；江阴“花月”，周方晨。

（11）百菊赛

特等奖：无锡、济宁、南通、武汉、天津、德州、石家庄、开封翰园、北京、唐山。

一等奖：苏州、重庆、杭州、上海、阜阳、成都、盐城、常州、淮安、济南、南京、长沙、安阳、南昌。

二等奖：扬州、嘉兴、泰州、淄博、临沂、中山小榄。

（12）新品种

金奖：唐山“秀姿染霜”；天津“风飘绿绮”、“秋水红霞”。

（13）栽培新技术

北京。

13. 展览亮点

本届菊展在保持传统办展方式的基础上，积极寻求突破和创新，坚持国内活动与国外活动相结合，政府推动与市场化运作相结合、花卉活动与学术活动相结合，精心策划和组织，在办好主会场展览的同时，积极探索花卉展览新模式，开展市场化运作，在吟苑、公花园、崇安寺设立了分会场，举办了“江苏省盆景艺术联展”、“第九届中国菊花展插花艺术展”、“国际园林机械和园艺用品展销会”等，取得了较好的社会反响。

（1）第九届全国菊展期间，对首次评出的十位中国菊艺大师及五名中国菊艺大师提名奖人员进行了命名颁奖，首开了全国园艺界大师称号评比和命名的先河，这对于促进园林行业发展、体现尊重人才、尊重技能具有十分重要的示范意义。

（2）本次菊展通过把花事活动与国际性会议“2007 国际风景园林交流大会”等系列活动结合起来，互为促进，扩大影响，探索了花卉活动国际化的新模式。并且，在同国外专家交流花事活动办展经验后得出如何探索出一条符合新时代背景下中国国情的办展之路尤为重要。既要强调提高花事活动的市场化运作力度，又要保持行业办展的良好传统，实现花事活动和行业的可持续发展。

（3）在菊展期间召开的“2007 国际风景园林交流大会”邀请了中国风景园林学会理事长周干峙、国际风景园林师联合会主席戴安妮·孟赛斯（Diane Menzies）、国际园艺生产者协会主席度卡·法巴尔（Doke C·Faber）等数十名国内外顶尖专家学者参加，建立了国际风景园林无锡论坛，发表了国际风景园林《无锡共识》，为国内外园林同行交流提供了平台，也为无锡园林参与国际交流、推进无锡园林建设起了积极作用。

## 二、第三届中国菊花精品展览

2009 年 10 月 23 日，由无锡市人民政府主办，中国风景园林学会菊花研究专业委员会、无锡市园林管理局、无锡市公园管理中心共同承办的“第三届中国菊花精品展览”在锡惠景区成功举办。本次展览主题为“菊之盛典·迎世博”，旨在弘扬中国传统名花，展示菊花精品，继承和发扬我国人民养菊、赏菊传统文化，促进人与自然和谐统一。

## 三、中国菊艺大师作品展

2011 年 10 月 25 日，由中国风景园林学会菊花分会、无锡市公园管理中心共同举办的“中国菊艺大师作品展”在锡惠景区隆重举办。此次展览以“菊艺盛典·百姓乐园”为主题，邀请了 10 多位中国菊艺大师与行家同场献艺，是一次国内顶级水准的菊花盛会，它不仅为锡惠景区营造花的乐园，同时，还让无锡市民有机会欣赏到国内一流的菊艺演绎。同时，弘扬了中国菊文化，传承中国菊花栽培技艺，扩大菊会的社会影响力，打造无锡作为东方时尚山水园林，彰显江南水乡风情特色，丰富老百姓精神文化娱乐生活，美化城市，让生活更美好，是无锡人民文化生活中的一大幸事。

图 1　菊花展览（1）

图 2　菊花展览（2）

# 南通菊展发展浅析

南通市城乡建设局　俞凌筠

## 一、南通菊花概况

南通最早关于菊花的记载见于明嘉靖《通州志》，记载有菊、甘菊。明万历《通州志》关于菊花栽培的记载，还特加注菊“百种”。由此说明，当时南通菊花栽培品种已有百种之多，栽培已很盛行。民国期间，未见正式文献有关菊花的记载，但从其他一些资料中，依然可以了解当时菊花栽培的情况。特别在民国初、中期，南通菊花栽培仍很盛行。新中国成立后到“文化大革命”前，南通菊花有一次较大发展，品种曾达到600多种。1982年，南通市人大常委会第十六次会议决定将菊花定为市花。

## 二、南通菊展发展历程

南通市举办较大型的菊展活动是在新中国成立后。1963年、1966年在市群艺馆、人民公园内举办了菊花展览。直到1982年将菊花定为市花后，由南通市城乡建设局主办，在各公园举办市花展览。1982～2016年，共成功举办了27届市花展览。历届菊展都受到了市政府的重视和大力支持，其规模越来越大，景点年年出新，品种届届翻新。

1982年，菊花被定为市花，举办首届南通菊花展；1986年，首次进行菊花评比；1992年，市花命名十周年，发行纪念章一枚，开展菊花书画展并印刷宣传画册；2007年，承办中国第二届菊花精品展；2013年，首次由县级行政区承办菊花展览；2014年，首次推出“千菊进千家”活动；2015年，首次引入“互联网+”的概念，推出微信公众平台。

## 三、菊展特色活动探索

南通菊展经历了从无到有、从有到精的发展过程。从早期的单一品种展示，到如今丰富多样的表现形式，创新是菊花展水平不断提升的原动力。只有不断赋予展会新的元素，推陈

图1　南通菊花

图2　2013年海门景点——“百年记忆”

图3　2014年通州区景点——“美丽家园”

出新、富于变化，才能不断刺激大众新的兴奋点，吸引更多人参与。

1. 多元特色主题

（1）以历史文化资源作为景点布展主题；

（2）以地域特色作为景点布展主题；

（3）以城市发展方向作为景点布展主题；

（4）以热点话题作为景点布展主题。

2. 延伸受众群体

2013年，为进一步做好菊艺的普及工作，保护和调动各地参展、办展的积极性，首次由

图4　2014年海门景点——“渔歌唱晚”

图5　2015年如东景点——“风之语”

图6　2016年启东景点——“花样启东”

图7　2014年开发区景点——“南翼新城”

图8　2015年启东景点——“追梦”

图9　2015年海安景点——“丝路花语”

图10　2015年海门景点——“三羊开泰”

图11　2013年如东县承办菊花展览

图12　2016年港闸区首届区级菊花展

图 13　菊展夜景

图 14　千菊进千家

图 15　插花艺术展

图 16　微信公众号界面

县级行政区承办菊花展览。同时在市级菊展的影响带动下，各县（市）、区也开始自行举办菊展。2016 年港闸区组织各街道办事处、管委会举办了首届区级菊花展。

3. 丰富活动形式

自 2013 年第二十四届南通菊展起，为营造优美浪漫的夜景氛围，方便市民夜间观菊赏景，菊展特意增添了景点亮化。

2014 年以“曲水流觞 · 菊景交融”为主题的第二十五届南通菊展首次推出“千菊进千家”活动。

自 2015 年起，除了传统的景点艺术展、菊花造型艺术展活动版块外，新增了插花艺术展、菊花精品展。

4. 拓展交流平台

2015 年第二十六届南通菊展首次引入“互联网 +”的概念，通过搭建微信公众平台和 360° 全景展示现场实景效果，市民足不出户也能欣赏菊展盛况。公众号中具备一键导航功能，也为市民观展提供方便，“刮刮乐”版块，增添了娱乐性。同时，通过微信推文向市民全面介绍此次花展情况及南通菊花发展历程、所获荣誉、菊文化、菊花科普知识等。

## 四、未来发展方向

1. 引入社会力量，提升展会活力

转变政府参与的单一模式，适当引入社会力量，丰富参与群体；拓展市场资源，打破财政扶持的局限性，激发展会活力。

2. 延伸菊展内涵，打造品牌化

一是在单一赏菊的基础上，结合观光旅游与文化艺术，将菊展发展为融观赏性、娱乐性、知识性、趣味性及教育性于一体的群体性活动；二是结合地域文化特色，充分培育周边产品，发展品牌产业，增强经济价值。

# 如何提高菊花展览质量和效益的几点思考

## ——2016 唐山世界园艺博览会花卉展览启示

唐山市园林绿化管理局　邸艳君

当前，举办各类花卉展览，不仅能全方位地反映当代园林园艺事业发展的最新动态和研究成果，而且能积极促进国际、地区之间园林园艺技术的交流与合作，且为举办地带来巨大的社会效益、环境效益和经济效益。而且，各类花卉展览作为社会文化生活的一个载体，还能发挥为大众提供信息、交流情感和休闲娱乐的综合性作用，为进一步拉动社会消费，促进产业升级，提升城市形象和影响力，尤其是展览后为举办地带来的综合效应，可持续地提供强大的发展后劲。

2016 年，唐山市成功举办了一届精彩难忘、永不落幕的世界园艺博览会。在博览会期间，先后举办了中国牡丹芍药展览、国际精品月季展览、国际花境景观展览、国际插花花艺展览、第四届中国杯插花花艺大赛、国际精品兰花展览、国际精品菊花展览、盆景展等多项主题新颖、形式多样、内容丰富、异彩纷呈的花卉展览 / 竞赛活动，吸引了大批游客和专业人员前来参观学习，得到了社会各界高度评价，极大地促进了唐山园林园艺事业的发展。尤其是国际精品菊花展览，以其恢宏的气势，作为 2016 唐山世界园艺博览会花卉展览的收官之作，收到了前所未有的效果。

## 一、2016 唐山世界园艺博览会国际精品菊花展览 / 竞赛举办概况

国际精品菊花展览 / 竞赛主题——“秋香

图 1　荆门展区（室内）

图 2　开封展区（室内）

图 3　北京展区（室内）

图 4　北京展区（室外）

图 5　上海展区（室外）

图 6　小榄展区（室外）

图 7　衍生品展示（室内）

图 8　科普展示（室内）

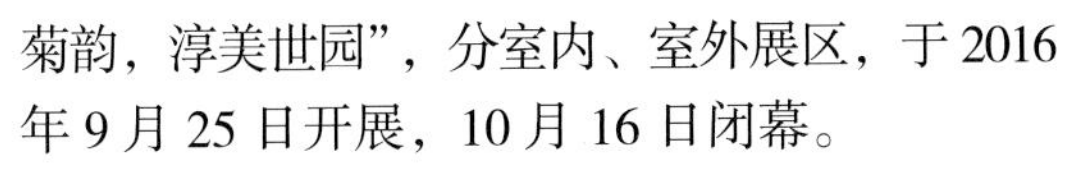

菊韵，淳美世园”，分室内、室外展区，于 2016 年 9 月 25 日开展，10 月 16 日闭幕。

室内展区面积 3000m$^2$，设置 7 个大中型室内主题景观、3 个展台展示、科普展示区以及插花花艺与切花展示区、新品种展示区、艺菊展示区、大小菊盆景展示区、小菊展示区、案头菊展示区、标本菊展示区 7 个分区；室外场地面积 10000m$^2$，设置 9 个大中型展览主题立体花坛、菊花造型景观、若干菊花园林造景小品以及地栽菊花为主的花境、色带。

2016 唐山世界园艺博览会国际精品菊花展览 / 竞赛将菊花文化与唐山的特色文化有机融合、交相辉映，营造一个格调高雅、内容丰富的菊花盛宴，是规模最大的一次全国精品菊花展览。绚丽多彩、气势磅礴的菊花展览，烘托了 2016 唐山世界园艺博览会的收官气氛，更为游客带来了一场无与伦比的视觉盛宴。展览期间共接待全国参观游客近 60 万人次。在获得可观经济效益的同时，又使游客对十大名花之一的菊花留下美好印象。菊花文化底蕴的传播，为展览的基础、特色、延伸、可持续发展提供了保障。

2016 唐山世界园艺博览会期间，各项花卉展览取得了圆满成功。与往届世界园艺博览会通过第三方机构市场化运作不同，2016 唐山世界园艺博览会各项花卉展览，采用“政府包办主导 + 社会参与 + 市场化运作”的举办运营模式，即政府职能部门指导，负责资金、协调、维护、安保、交通、接待等管理运营工作；专业协会承办，负责规划、招展、布展等工作；这种方式大大地节约了办会成本，减少了运营管理投入，使得资金在展览建设方面得到极高的使用率，收到很好的效果。但是，从各项花卉展览效益看，收到的经济效益和社会效益还不够理想。主要是展览宣传力度不够、展览活动项目少、展览期间相对繁荣，展览后萧条，后经济发展不足、办会成本较高、举办地收益和回报不能实现最大化等。

## 二、提高菊花展览质量和效益的几点思考

对于正处在城市化热潮中的中国，各类花

图 9　菊花造型景点

卉展览与城市系统之间的关系越来越密切，甚至成为绿地系统中的重要组成部分。如何提高展览质量和效益，特别是“后经济”效应，我们通过 2016 唐山世界园艺博览会举办各类花卉展览受到一些启示。

1. 政府支持是提高菊花展览质量和效益的基本保证

菊花展览的项目规划、场地、场馆建设、资金、协调、交通等服务，需要政府给予大力支持和保障。同时，各个相关部门之间的相互配合，为保证展览质量和高效运营提供基本保证。2016 唐山世界园艺博览会各类花卉展览在资金上得到政府的大力支持，但是，场馆的建设不能满足菊花展览对光线、温湿度等自然因素的需求。所以，展览设计的最佳效果和后期养护无法满足。

另外，政府设立菊花培育和展览专项资金，逐年投入，调动群众赏菊、爱菊、养菊的积极性，精心研究品种菊、大小立菊、悬崖菊、盆景菊、塔菊、十样菊等菊花技术，规模经营，扩大影响，促进菊花产业发展，提高菊花展览的质量和效益。

2. 加强宣传是提高菊花展览社会、经济效益的重要措施

通过期刊、报纸、广告等传统平面媒体宣传与电视、网络等数字媒体宣传高度融合，进一步拓展宣传渠道，创新宣传形式，丰富宣传内容，提高展览宣传效能。有条件的也可邀请专业团队制定宣传方案，策划展览的主题、内容和形式，布局投放，完善宣传战略模式，以“互动”为核心，形成营销合力，将各种媒体平台连接起来，通过多元化渠道的横向和纵向两方面来整合并强化花卉展览与游客之间的互动。

此外，通过网络推广，网站、微信、微博、二维码等的新兴平台推广宣传，提高菊花展览的知名度、社会效益和经济效益。

3. 拓展动态活动项目也是菊花展览效益的主要手段之一

传统的展板、视频、花卉衍生品展示，有些游客需求已不能满足于走马观“花”式的简单体验模式，活动项目不足也会导致花卉文化传播肤浅。所以，深度挖掘花文化，拓展以花文化为依托的各类业态活动，打破传统花文化

展示、科普方式，充分结合当下热门的社会主题及流行趋势，拓展集互动性、趣味性、实践性、教育性、科学性、休闲性于一体的活动项目，也是展览效益的主要手段之一。

例如，菊花为主材料的“花食活动”。设计相应的主题菊花美食系列；同时结合菊花景观及其芳香以营造良好的饮食氛围，刺激游人各种感官，调动味蕾。根据展园用地性质及后续规划，设置永久性或临时性的建筑、遮蔽处等，将菊花景观及自然风光纳入之中，并有意识地运用相应的花卉材料装扮，形成“花居活动”；综合规划景点之间的游览路线，设置展园专用花车的“花行活动”；提炼菊花文化精髓作为设计元素，衍生到周边产品开发上，以形成花文化产业的“花购活动”；以趣味性为基础，强调互动性，借助科技手段，融入时下生活流行趋势，将娱乐活动与科技生活相结合的“花娱活动”；大力发展家庭园艺，在其新产品的推广和展台布置中，融入了更多的家庭园艺元素，让“花生活”成为人们新的关注点；在展览期间，举办花艺大师插花表演、专业论坛和学术交流，安排家庭园艺，组织园艺发烧友、别墅业主、家庭园艺产品生产商、经销商进行面对面的交流等等。

4. 节约型菊花展览会带来较好的经济效益和社会效益

目前，各项花卉展览仍旧是以耗费大量花卉造型、主题小品为主的展览模式，百花齐放的壮观场景需要大量的人力、物力投入，加之花期短，花朵衰败后景观荒凉，转变高耗模式，寻求多元化持续发展，节约办展，已成为必然。

菊花展览应尽量减少大型景观会后拆除，提高利用率。大型景观往往采用金属制作框架，填充腐殖土后表面扦插植物材料，应鼓励新材料、新方法的使用，降低建设成本，花卉造型展出后如需拆除，可通过回收骨架用于日后改造，提高花卉立体扎景的二次利用。在展出中还可以根据景点的地形特点来立意选题材，因地制宜，以园区原有景石、水系、景观小品等物为主要构架，建立菊花组景，放弃金属骨架使用，既节约成本，又使景观效果与园区原有风格融为一体；多利用以花箱、花车、盆钵等灵活、机动性高的摆花方式处理基础景观；地栽景观应以宿根花卉为主，减少一二年生花卉的使用量，选用花期长、花量大、不同花期的品种花卉组成花境、花坛，形成明显的季相变化，确保三季有景。

5. 转变管理体制和运作方式，实现菊花展览的可持续发展

一般展览项目多是以政府牵头的项目。展览期间，政府利用自身的统筹优势对展园建设、展览的举办和宣传推销起到推动和促进作用。但是，展览结束，园区后期发展、展览展园管理体制及运作方式变得至关重要。从 2016 唐山世界园艺博览会期间举办的各项展览情况看，展览期间表现了繁荣和美好。但是，社会及经济效益最大化与展览投入不能成正比，展览“后经济”效应的可持续，“永不落幕”等必须成为展览关注的重点。所以，各类花卉展览都应由政府拿出“后经济”效应可持续发展方案并执行；其次，展览园林园艺的性质也使展园在作为城市绿地方面，有着独特的优势，应该利用优势，发展与公共利益结合，建立爱国主义教育基地、生态环保科普基地、生物资源开发创新基地；利用原有布局等天然的优势，承办园林、园艺、艺术、文化等相关类型的展览，为场地再次提供吸引点。挖掘展园在会展方面的潜力，多方面促进展园的后期利用。

## 三、结束语

菊花展览的举办离不开各种资源的良好整合。在展览布展与运营的任何阶段都需融入“搭便车”理念，避免闭门造车，通过各种途径以充分整合、依托、利用有效资源，进而在其基础上发展。对自然资源（植物、空间、地形、水系、季相）的合理利用，可以为菊花展览的景观营造创造扎实的环境基础；对人文资源（历史、文学、民风民俗）的挖掘，可以丰富花卉展览的内涵，以形成独特的地域人文景观；对信息资源（媒体技术、信息传播）的利用，可以扩大展览的品牌影响力，提高展览的质量和效益。

# 成都的菊花与菊花展览

成都市人民公园　刘龙　王卫勤

菊花（*Dendranthema morifolium*）为我国原产的世界名花，它有许多别名，如：黄花、秋菊、节花、鞠等。我国栽培菊花的历史已有3000多年，最早记载可见于《周官》、《埤雅》。在《礼记·月令篇》中有"季秋之月，鞠有黄华"之说。

成都是菊花的主产地之一，具有悠久的栽培历史。早在西汉景帝时蜀郡守文翁修建石室（公元前143～141年）兴办我国最早的地方学校——石室书院（现成都市石室中学）内，发现东汉时的菊花浮雕。到了清代，在谢无量所著《成都通鉴》中就记载了菊花品种122个。在成都，提到菊花，人们自然就会联想到人民公园，这是因为在1952年人民公园就建立了菊花专类苗圃，并在1951～1952年间广泛征集散失在民间的菊花品种资源，共搜集到本市菊花品种137个，从其他省市引进菊花品种231个。到1963年时已拥有1000余个菊花品种。1960年成都市绿化委员会汇编的《菊花目录》，共整理记载了2541个品种，成为当时全国最大的菊花品种圃。"文化大革命"期间，成都菊花品种遭到巨大摧残，使成都这一栽培历史悠久的菊花事业处于奄奄一息的状态，幸存的菊花品种仅有100余个。党的十三届三中全会后，在各级领导的关怀下，人民公园再次组建菊花专类苗圃，广泛在本市征集失散的菊花品种，到1982年菊花品种已恢复到635个。20世纪80年代中期，西南农业大学、四川省原子能应用技术研究所、成都市人民公园、四川省展览馆、成都市滨江公园等省市单位在菊花品种的搜集、整理、栽培、育种、繁殖、应用现代新技术等方面都做了大量的工作，并取得了显著的成效。然而，菊花作为我国传统名花、本地区的传统品种，引进品种和新品种资源尚未做过全面系统的搜集、整理和发掘，品种资源的保存和利用还很不够，菊花品种的分类尚不完善，名称也不统一。根据1982年中国花卉盆景协会在上海召开的全国菊花品种分类学术讨论会的建议：恢复"文化大革命"前国家科研项目中决定的全国成立三个菊花品种中心圃（北京、上海和成都），以促进我国菊花事业的发展。于是，成都市科委下达了"成都市菊花品种的培育和搜集"课题。1987年通过鉴定验收，并荣获成都市科技成果三等奖。

1988年10月，成都市园林局下达了"成都市菊花品种资源搜集、整理研究"课题。通过成都地区的调查，共搜集999个品种，整理保存856个。其中大菊品种784个，小菊品种72个。在全国各城市共搜集品种848个，整理保存273个。其中大菊品种244个，小菊品种29个。随着时代的发展，人民公园先后多次从各城市引进了优良的菊花品种，特别是从北京、天津、上海、南通和开封等地引进了许多日本菊花品种，丰富了成都的菊花品种资源。2005年12月，在中国菊花研究会的大力支持下，恢复了成都市人民公园作为中国菊花品种资源基地之一。到目前为止，成都市人民公园共收集秋菊大花品种800余个，小轮菊品种100余个。

赏菊，一直是我国长期流传的民俗习惯，从宫廷帝王、将相王侯和各地平民百姓，近至当今我国城市、农村的人民大众，每当秋风送爽的时节，各种形式的菊花会、菊花展便纷纷举行。成都也不例外。据史料记载，成都菊花形成规模展出应追溯到1924年通俗教育博物馆（当时的少城公园内）举办的菊花会，展出1000多个品种，深受各阶层人士喜爱。后因抗战等原因停办，直至1953年新中国成立后才在更名后的人民公园内正式举办了第一届菊花展览，传统品种和引进的菊花品种首次与广大群众见面，揭开了新中国成立后成都菊展的序幕。

图 1　菊花品种

图 2　菊花展览

1954 年在成都市人民公园举行了成都市第二届菊展，展出 800 个菊花品种，并注重新品种培育和展出。

1955 年在成都市人民公园举行了成都第三届菊花展，展出 800 个菊花品种，按各种搜集和培育的年份布置，另增设北京品种区，使观众了解历年新品种增加情况，还按花色排列装饰成“和平万岁”、“和平鸽”等字样和图案。

1956～1965 年在成都市人民公园分别举办了成都市第四届至第十三届菊花展。在第十三届菊花展上，将认为有封、资、修色彩的名称全部取消。

“文化大革命”中，菊花品种及资料大部分损毁，对培育菊花做出卓著贡献的技师也受到了迫害。菊花展览被迫中断。党的十一届三中全会以后，1978 年正式恢复了“菊花展览”的名称，定为第十七届后为一年一届。从第十七届到 1982 年的第二十一届菊展，每次展出的品种均在 500～600 个，8000 余盆。观众达到 30 万余人次。自 1983 年第二十二届菊花展起，除人民公园本身展出菊花外，还邀请各公园、苗圃及机关、学校、工厂等单位参加，更名为“菊花会”，并成立菊花会相应的“组织委员会”和“评比委员会”，进行菊花会的组织筹备、评奖颁奖活动，观众均达到 40 万余人次。1985 年第二十四届菊花会时，参展单位达到 20 个，展出品种 1200、2 万余盆，其规模日益扩大，品种愈加丰富，布置新颖别致，观众达 54 万人次。1995 年 10 月，成都成功地承办了第

图 3　中国菊花品种展览

图 4　精品菊花园

五届中国菊花品种展览，参加展出的有来自北京、上海、天津、重庆、武汉、西安、苏州、南通、成都等 46 个城市及集团，中国人民解放军绿委也首次在全国菊花展上亮相。这次菊花展荟萃了全国菊花精品 1000 余种、20 万盆，设有 9 个展区 20 余个菊花景点，观赏游人数十万，盛况空前。

人民公园菊花展览历史悠久，声誉远播，至 2016 年已举办了五十四届，展出菊花品种近 1000 个、10 万余盆。成都市人民公园为弘扬半个多世纪的秋菊栽培和菊花展览，更好地传承菊文化，展示公园悠久精深的菊花艺术，同时满足市民休闲、观赏、菊花科普知识宣传的功能需求。于 2015 年 11 月，投入 360 万元，开工建设以“菊花”为主题的精品菊花园，2016年6月30日建成，向市民免费开放。

精品菊花园占地面积为 $3400m^2$，巧妙地运用山石、道路、植物、建筑等园林景观要素，构建品位高尚、特色鲜明的园林景观。一是以原有公园建园风格（特别是民国风格）为基调，融入现代材料和构造；二是突出菊花主体，以传承文化之四君子的梅、兰、竹为烘托，表现高尚的意境；三是布置多个节点，以“爱菊堂”为中心，布置“梅庭”、“竹径”、“兰谷”、“百菊图照壁”、“采菊南山”等一系列景观节点；四是通过菊花诗词、菊花科普知识介绍，特别是浮雕展示和介绍整套菊花品种邮票等，营造了浓厚的菊花文化氛围，将进一步传承历史悠久的菊花文化。

精品菊花园的建设为公园菊花展出提供了一个更好地展示菊花栽培技术水平与菊花文化的平台。同时，受到了中国风景园林学会菊花分会领导的好评。

成都市人民公园作为中国风景园林学会菊花分会理事单位，积极参加菊花分会组织的菊花展览和各项活动。我们一定向其他城市学习，搞好菊花基地的建设，为我国的菊花事业做出贡献。

# 传承菊花文化　展示菊花技艺

荆门市园林局　曹华　裴丹

## 一、荆门市菊花展历史渊源

荆门人民酷爱菊花，素有爱菊、赏菊、乐菊、种菊的传统。自1981年以来，荆门已成功举办了23届菊花展。其中，颇具影响力的是2012年与湖北省住房和城乡建设厅联合举办了湖北省首届精品菊花展；2016年中国风景园林学会与荆门市人民政府联合举办了第十二届中国（荆门）菊花展。每年一届的菊花展已成为弘扬菊花文化、提升城市形象、促进城市发展的盛会和惠及300万荆门人民的精神盛宴，得到了社会各界的关注和认可。

## 二、第十二届中国（荆门）菊花展览会

中国菊花展览会为全国性专类花卉展览活动，每三年举办一次，是菊花展中的“奥运会”。

发展历程：历经11届发展，已成为国内知名的专业会展品牌。

展出时间：2016年10月28日～11月28日，展期1个月。

主办单位：中国风景园林学会、荆门市人民政府。

宗旨：以菊会友，以花福民。

亮点及特色：参展城市多、布展规模大、展出效果好、展现荆门地域文化特色。

主题词：菊韵荆门、花耀中华。

展会概况：本届菊花展园区占地面积600亩，规划理念以“荆楚绿洲、锦绣花谷”为主题，结合原有地貌，构建山、水景观格局，充分展现以山言志、以水寓情、以花增色的菊色、菊香、菊韵浓厚氛围，总体布局为：“一谷、两山、七大展区”，“一谷”以千姿百态、绚丽多彩的菊花，组成缤纷什锦、花团锦簇的迎宾花海；“两山”，在景观主轴的东西两侧两座小山丘对峙而立，呈两山夹一谷的态势，两山上散布各参展城市的参展作品，各有特色，各有风味；“七大展区”，即鲜花大道景观区、城市室外景点展区、精品菊花展示馆、展棚展区、造型菊展区、标准展台和特装展台七大展区。本届菊展共有来自日本、荷兰等国

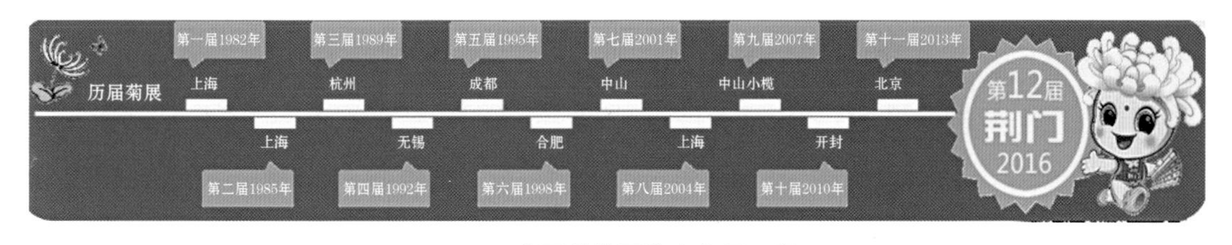


图1　中国菊花展览会发展历程

图2　第十二届中国（荆门）菊花展览会全景

家以及中国北京、上海、香港等国内外 64 个城市参展，内容包括室外景点、标准展台、菊花盆景造景艺术、专项品种、新品种、案头菊、菊花盆景、造型菊、悬崖菊、大立菊、百菊赛、插花艺术、栽培新技术全部 12 个传统项目。共展出 43 个室外景点、8000 余件菊花作品、200 万盆鲜花。菊展期间还精心组织了国际菊花产业学术研讨会、菊花文化展示活动、"荆楚风·江汉潮"江汉平原城市书画作品联展、名特优产品展示会、美食文化节等活动。

展会成果：本届菊展吸引了 50 多万名游客前来观展；借助菊展平台，全市招商引资成功签约项目 19 个，签约金额 142 亿元。被中国风景园林学会誉为中国菊花展览会史上"参展城市最多、布展规模最大、菊艺水平最高、展会影响最深、展出效果最好"的一届盛会，有力提升了荆门城市美誉度和知名度，打响了"荆门品牌"。

展会创造了"四个第一"：

（1）全国菊展首次在华中地区举办。

（2）参展城市数量为历届全国菊展之首。

（3）展园投入为历届全国菊展之首。

（4）设计水平为历届全国菊展之首。

展会取得了"三个突破"：

（1）布展技艺有所突破

山水、建筑、人物、动物等造型别致美

图 3　主场景——门迎天下

图 4　北京园

图 5　上海园

图 6　成都园

图 7　武汉园

图 8　南昌园

图 9　无锡园

图 10　常州园

图 11　中山小榄

图 12　开封园

图 13　南京友邦

图 14　太原园

图 15　标准展台——无锡

图 16　标准展台——扬州

图 17　标准展台——福州

图 18　标准展台——广州

图 19　标准展台——济南

图 20　标准展台——荆门

图 21　标准展台——嘉兴

图 22　标准展台——开封

图 23　盆景造景艺术——上海

图 24　盆景造景艺术——重庆

图 25　盆景造景艺术——宜昌

图 26　独本菊作品展示

图 27　大立菊作品展示

图 28　造型菊作品展示

图 29　悬崖菊作品展示

观、姿态万千。西安、咸宁、仙桃等城市展园采用了雾化景观，营造美轮美奂的人间仙境；咸宁更是在雾化装置中，投放香精，“香城泉都、桂香菊韵”实至名归。上海、无锡、南昌、常州等城市将特色历史文化、菊花文化与古典园林艺术相融合，展园意韵深远、情趣盎然。

（2）菊花造型有所突破

在保持菊花特有的姿态、色彩、韵律的基础上，绑扎、造型的水平更上一个层次。水旱、丛林、菊石等菊花盆景精品创意新颖，造型独特。中山市小榄镇采用岭南传统技法，裱扎制作名为“博爱”的大立菊让游客赞叹不绝。菊花插花作品形态独具、意境无限，全新展示了菊花另外一种独特的艺术。

（3）品种有所突破。

近三年来，菊花的培育仍在不断地与时俱进，各种新技术、新方法层出不穷。天津、武汉、唐山、南通、开封等城市加大科技攻关力度，推陈出新，选送了 149 盆新品种菊花惊艳亮相，具有极高的观赏价值。

## 三、菊花展撬动地方产业旅游经济发展

一年一度的菊花展不仅传承了菊花技艺，而且还极大地丰富了市民的文化生活，提升了市民的幸福指数，更重要的是，还推动了花卉产业的发展、撬动繁荣了地方经济。历届展览活动让许多有识之士看到了商机和花卉产业的强大发展潜力，菊花展作为荆门市花卉产业链条中的一环，是当地花卉苗木产业的一个缩影。近年来，我市以市场为导向、以效益为中心、以品牌为动力，大力推行“一高三新”（种植高效益、引进新品种、推广新技术、应用新模式）等全新模式，加速推进花卉产业基地建设，新发展花卉苗木基地 2 万 $hm^2$，基地总面积达到 4.53 万 $hm^2$。以 207 国道为主体，以皂当、荆潜、汉宜线为侧冀的花卉苗木产业集群进一步壮大，沙洋县建成了占地 $400hm^2$ 的湖北十里花木城，成为全省规模最大的花木交易中心；大柴湖中国花城建设连栋大棚 $66hm^2$，打造了全国最大的凤梨、白掌、绿营生产基地；陆续打造了中国农谷百公里紫薇花长廊、江汉运河百里银杏长廊、荆西北深秋红叶长廊，所以荆门有了春赏屈家岭桃花、观鸟三阳；夏漂鸳鸯溪、游农谷紫薇花海；秋采漳河柑橘、观东宝红叶；冬看虎爪山茶花、游大口林海的特色旅游资源……正因为如此，荆门市先后举办钟祥长寿文化节、漳河湿地祭水节、屈家岭桃文化节、京山三阳观鸟节、东宝蜜蜂文化节、青林寨红叶文化节、京山茶花节、中国农谷紫薇花旅游节等系列生态特色文化节会，打造了丰富的休闲度假、观光体验旅游资源，助推繁荣了地方经济。

原生

嫁接

附生

图 30　盆景菊作品展示

石家庄

上海

图 31　百菊赛作品展示

图 32　菊花新品种作品展示

图 33　插花作品展示

荷兰

日本

图 34　国际精品菊花展示

图 35　专家评奖

# 福州西湖菊花展评审汇报

福州西湖公园

## 一、福州展区情况介绍

1. 菊花展主题

福建省住房和城乡建设厅：美丽福建 · 和谐家园。

福州展区：扬帆海丝 · 菊香榕城。

通过菊花造型和菊艺展示分别从福州海丝文化、菊花种植历史、西湖菊花精品、社会繁荣和谐、百姓多彩生活等不同侧面予以展现。

2. 菊花展特色

（1）挖掘历史，彰显文化

1）海丝漫话

以画卷的形式展示福州海丝文化的历史和未来，将镇海楼、马尾罗星塔、郑和下西洋等数景尽数掩入画中，撷取闽王王审知、迴龙桥、茉莉花茶、脱胎漆器等榕城海丝文化要素与引进的番薯等外来元素相结合，尽显海丝文化的深厚底蕴和新时期海丝之路发展的勃勃生机！

2）半野菊缘

福州菊花栽培年代久远且种植广泛。与福州西湖毗邻的“福州四大园林”之一的“半野轩”，从民国初年开始，每至秋天必大开其门，诚邀各界人士赏菊，一时游人如织。同时也带动了福州民间的菊花栽培。本景点以自然造景的形式再现秋菊盛开的半野轩之盛况，体现榕城菊文化的深厚积淀。

3）诗韵宛在

宛在堂及诗廊怡园历代皆为闽都诗人结社题咏的胜地。今以秋菊咏诵西湖赞文，再现文人墨客竹映书丹之古今盛况！

（2）因地制宜，展景结合

1）太平有象

本景点利用形似大象的假山，配以五彩的菊花，勾勒出中国十大吉祥图案之一——“象

图 1　海丝漫话

图 2　半野菊缘

图 3　诗韵宛在

图 4　太平有象

图 5　泉脉菊香

图 6　扬帆海丝

图 7　泉脉菊香

图 8　东篱菊隐

图 9　山野菊梦

图 10　采莲唱晚

图 11　民菊争霸

图 12　菊艺荟萃

图 13　早期福州菊花展

驮宝瓶”，名曰“太平有象”，也称“太平景象”或“喜象升平”。“象”与“祥”谐音，宝瓶为传说中观世音滴洒祥瑞的净水瓶，寓意吉祥如意，国泰民安！

2）泉脉菊香

本景点以挂满大大小小的悬崖菊的假山为背景，突出温泉景观打造。汩汩温泉掩映在姹紫嫣红的菊花之间，幽幽菊香沁人心脾，令有“温泉之都”美称的福州尽显温馨和谐、生态宜居。

（3）节约办展，环保先行

1）扬帆海丝

本景点以大型音乐喷泉为背景，以菊花布置造景风帆船只，结合喷泉潮水涌动，寓意承载古老海丝之历史，在新的海丝路上扬帆启航！

2）学圃绘秋

（4）栽培新技术

经过多年试验，探索出菊花种植的新基质配方，以小石砾、栽培土和泥炭土按比例调配，对传统菊花栽培基质进行改良，有利于菊花生长，同时也节约了成本。

1）新基质栽培中菊花长势好，株型挺拔健壮。

2）新基质栽培中的菊花花冠大，花期长。

3）新基质栽培中的菊花根系旺盛。

4）新基质栽培中的菊花叶片绿，脚叶完整。

（5）上下一心，精心组织

福州市人民政府高度重视，动员五区人民政府积极参与。

（6）广泛发动，全民参与

## 二、菊展备展组织情况

1．完善的安全保障体系

2．后勤保障

依托西湖公园完善的观展环境为游客提供便民服务：①设立有游客服务中心；②母婴室；③ 24 个景点设置音频解说；④景点设立指示牌、引导牌；⑤加派安保人员维持现场的秩序和环境清洁。

3．取得的成效

自开展以来每天吸引数以万计的游客前来观展，首个周末日的游客量更是达到了 12 万人次，获得了广大市民和游客的广泛赞许。

4．福州菊花文化

5．西湖菊花的栽培历史

福州西湖公园菊花栽种历史源远流长，在 57 年的栽培过程中西湖收集整理出 35 种多姿多彩、神韵清奇的特色菊花品种，收录在菊花景点之作《中国菊花》（1992 年出版）列举的 3000 多个菊花品种中。

2015 年在开封举办的菊王争霸赛，精品菊“芙蓉罩雪”获得金奖。

## 三、福州菊花的展望

种质资源基地的设立正在向中国风景园林会菊花分会申请中。相信福州菊花的发展会越来越好。

图 14　57 年办展历史——历届菊展门票回顾

银炼荷香　玉碾观音　白玉莲　兼六香菊　润颜含笑　日照葵黄

杏黄牡丹　粉鹤羽　金线莲　白玉针　粉花回旋　文姬扶琴

金色光芒　密连环　天魔舞　白云连钩　落霞　日照峰炉

秋雪塔　赤金夔龙　紫如意　太白求江　孩儿面　古鼎夕阳

紫舞披霜　紫匙莲　苑天黄　桃林春色　向阳　黄山雨雾

寒山渔夫　曲江春色　金龙戏珠　红鬃烈马　粉霞冠

图 15　特色菊花品种

# 南宁市菊花文化展

南宁市南湖公园　梁德肖

## 一、南宁市菊花展历史回顾

城市花事活动的举办往往跟园林部门息息相关，南宁市也不例外。南宁市园林管理局于1962年成立后，各项工作在短时间内步入正轨，充分发挥了职能部门作用。为丰富市民文化生活，南宁市园林管理局将举办花事活动列入工作重点，从1964年开始频繁举办了包括迎春花展、国庆花展和菊花展等在内的各种花事活动。1964年的菊花展览会在南宁市人民公园举办，参展单位有南湖公园的前身南湖风景区管理处和南宁市人民公园两家单位。

"文化大革命"期间，所有花事活动被禁止，直到改革开放后的20世纪80年代初期，南宁市菊花展才得以恢复举办。恢复后的菊展活动仍然是由南宁市南湖公园和南宁市人民公园两家单位为主力军并负责承办。从1989～1999年，一年一度的菊花展均由南湖公园承办，举办地点在南湖公园内的韦拔群、李明瑞烈士纪念馆广场至北门区域。从此，菊花与南湖公园结下不解之缘，菊花展成为了南湖公园的品牌。2000年，由于南湖公园启动南湖公园名树博览园建设项目占用了花圃用地，加上建设任务繁重等原因，菊展暂停举办。

菊花文化展是丰富市民文化生活、提高公园经济效益的有效办法。因此，南宁市园林管理局和这两大公园都非常重视菊花展的举办。为了办好展会活动，吸引更多市民游客前来观赏，同时提高门票收入，南宁市园林管理局主导采用社会共同参与的模式办展，即除了园林系统内单位外，还邀请了部分具备条件的事业单位、国有企业、大专院校等共同参展，扩大了菊花展的规模，在栽培技艺上呈现百家争鸣的景象。同期还开展菊花栽培技艺、景点设计及布展和以广西花卉协会牵头举办的全区范围

图1　1995年在南湖公园韦拔群、李明瑞烈士纪念馆广场举办菊展

内园林部门参与的插花等比赛，使展会活动丰富多彩，精彩纷纭。各相关单位出于对菊花文化和栽培技艺的执着追求，参与热情很高。菊花展活动的开展充分调动了行业人员的积极性，通过这一平台相互学习、取长补短，使菊花文化和栽培技艺在南宁得以传播并不断传承和发扬光大。

在办展规模上，每届菊展展出的菊花总量在 3 万盆左右，展出类型主要有小菊、多枝头菊、独本菊、悬崖菊、树杆菊、盆景菊等，布展手法、形式多种多样。

## 二、首届菊花文化展

随着城市建设步伐不断加大，南宁市对城市绿化的投入不断增加，成果显著。继成功创建国家园林城市后，南宁市于 2007 年成为中国第八个获得联合国人居奖的城市。城市生活水平提高、居住环境改善后，人们对文化生活的需求越来越强烈。为此，南宁市园林管理局想方设法，为丰富市民文化生活、提高市民幸福指数及延续举办菊花展传承菊文化的优良传统不断努力。2012 年，经南宁市政府批准，在南宁市园林管理局的主导和园林系统内各单位的大力支持、协助下，南宁市菊花展于 2012 年秋季在南湖公园重新拉开了帷幕。由于 2012 年的菊花展为停办多年后重新举办，并且增加了不少文化活动内容，故而冠名为“南宁市首届菊花文化展”。

南宁市首届菊花文化展由南湖公园承办，人民公园、金花茶公园、花卉公园等五家单位协办。主会场设在南宁市南湖名树博览园，占地面积约 72000m$^2$，分为迎宾区、观赏区和科普文化活动区三区 22 个景点。总用花量约 9.5 万盆。此外，在动物园另设分会场，由动物园承办。各主办、承办单位高度重视，通过精心设计和科学组织布展，菊花栽培品质及布展效果得到了高水平的发挥。为了提高展会的举办质量，弥补南宁市菊花栽培技艺研究力度不够导致的栽培技术更新缓慢、引进的菊花新品种不够丰富等不足，经市政府同意，承办单位从小榄镇政府花场采购了部分精品独本菊、2000 头以上大立菊、盆景菊和高品质多枝头菊等精

图 2　南宁市首届菊花文化展

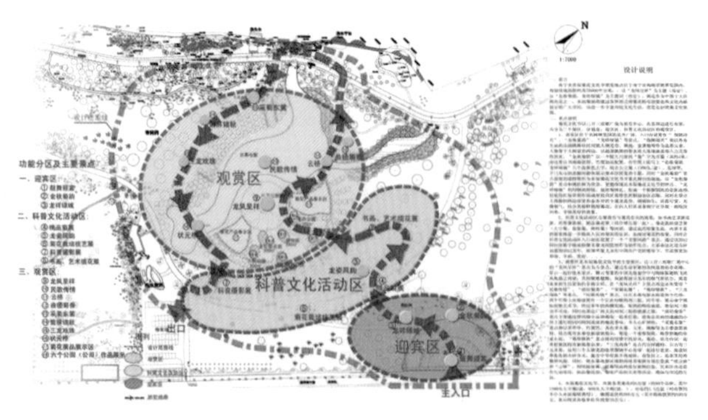


图 3　2012 年南宁市首届菊花文化展设计方案总平面图

图 4　2012 年菊展主景点“龙凤呈祥”

美展品，同时还聘请了小榄菊艺大师负责完成主景点立体造型菊花的绑扎，确保菊花展的档次。在主景点上布设了滴灌系统的，为主景点展期景观效果打好养护基础。展会期间举办的插花、摄影、书画等比赛，群众参与积极性非常高，商业化运作部分也取得较好成效。

图 5　2012 年菊展照片

图 6　2012 年菊展精美菊花品种

图 7 2012 年菊展动物园分会场景点照片

南宁市首届菊花展利用菊花结合立体花坛、园林小品等元素通过园林艺术布置手法展示出菊花的优雅和美姿，营造良好的菊文化氛围，达到了预期目标和效果，得到了市民和各方人士的高度赞赏，满足了人们对艺术的追求，让群众品尝了精美的菊文化大餐。

## 三、第二届菊花文化展

由于南宁市首届菊花展的成功举办，2013年的第二届菊展的举办无论是举办申请还是经费核拨都极为顺利。虽然在举办模式、风格上基本与上届菊花文化展大同小异，不同的是举办规模有所扩大，景点设计水平和布置效果也上升了一个台阶。举办地点同样设在南湖公园名树博览园，占地面积约 10 万 $m^2$，同样设迎宾区、观赏区和科普文化活动三个区，共布置了 23 个景点，用花量约 10 万盆。此外，在展会管理上，作为承办单位的南湖公园总结了第一届菊展的经验教训，取消了除基本服务内容以外颇受领导、市民质疑的招商内容，去除赏菊氛围中的商业气息。针对南湖公园不允许设置围墙，四通八达带来的秩序管理难题，联合市城管部门加强了对观展秩序的管理，特别重点防控游摊散贩浑水摸鱼，坑骗游客，影响赏花氛围的行为。展会期间，除南宁市市民和菊花发烧友外，区内许多同行和菊文化爱好者们纷纷慕名而来，热闹非凡。与 2012 年的首届菊展相比，举办第二届菊花文化展的成效更为显著。

2014 年，由于多方面原因南宁市菊花文化展再次停办，但是我们没有放弃，一直都在积极探索适合南宁市举办这一花事活动的最佳运作模式。下一步我们计划从 2018 年开始，每年将南湖公园部门预算列支的名树博览园园内四季花卉项目方案中 11、12 月那一批次花卉品种全部定为菊花，形成一定规模的菊花展供市民游客品赏，努力使菊花文化在南宁市这座美丽的绿城中得到不断传承和发扬。此外，2018 年南宁市政府计划在南宁市承办的第十二届中国国际园林园艺博览会开幕期间举办大规模、高标准的菊花文化展活动，这一决策充分体现了南宁市政府对菊花文化传承的前所未有的重视。目前这一盛事正在积极筹备中。

图 8　2013 年菊展入口处景点

图 9　2013 年菊展主景点“金蛇送福”

图 10　2013 年菊展景点“琴”、“棋”

图 11　2013 年菊展景点“书”、“画”（一）

图 11　2013 年菊展景点“书”、“画”(二)

图 12　2013 年菊展景点“嫦娥 · 奔月”

图 13　2013 年菊展精美菊花品种

# 经霜愈艳　历久弥新

## ——在传承与融合下奋发前行的太原市菊花展

太原市园林局　温永红　栗靖

菊花以其独特的花期、多样的花型、清雅的花色，自古以来就广受文人墨客、市井乡间的推崇和喜爱，可谓是雅俗共赏。早在 1987 年，菊花就被广大市民推选为太原市市花。

每当深秋之时，姹紫嫣红、高洁清雅的菊花展已成为太原人民翘首期盼的花事活动，也是中秋、国庆两节期间，不可或缺的休闲品赏内容。

由太原市政府主办、园林局承办的第一届菊花展于 1955 年秋季拉开帷幕，至今已举办了二十六届。在园林局各个基层单位通力协作下，从菊展规模、品种菊花培育、艺菊造型到展台布展、立体花坛景点设计、摆放花卉品种数量等各个方面都有了显著的进步，并形成十分鲜明的个性特点。

### 一、不忘初心，以公益为主导，传承晋派菊花事业。

从首届菊展开始，太原的菊花事业已走过了 62 个春秋。从最初仅有室内展，到现在已发展到了室内与室外共同布展；菊花展出数量从千余盆发展到如今几万盆。在品种的培育上，从 20 世纪 90 年代初的几十个品种，发展到现在的 500 多个品种；从花色简单，到姹紫嫣红、花色繁多；从太原本地品种，到与全国菊展参赛品种接轨；从仅有的独本菊、多本菊到地被菊球、艺菊、悬崖菊培育技术的日趋成熟。

这些菊花事业的发展与进步，远没有大家想象的那样容易和简单。在没有任何经济收益的前提下，我们的菊展是免费面向大众的一项

图 1　菊花培育

图 2　部分菊花品种

图 3　2013 年展台“三晋风光”

图 4　2013 年展台“唐风晋韵”

图 5　2013 年展台“晋风菊韵”

纯公益事业，菊花的培养主要依靠太原市园林局直属各公园的养花师傅们，在经费缺乏的情况下，靠着园林人坚守爱菊、惜菊的那颗初心，将我们的菊花事业传承至今。

以文瀛公园为例，由于城市建设的不断扩展，公园的花窖面积压缩，不能满足菊花培养的需要，但是为了能够继续传承宝贵的菊花培育技术，公园的领导们积极筹措资金，动脑筋，想办法，在远离城市的郊区找到合适的花圃，将菊花培育持续进行下去。

养菊的技工师傅们在经济洪流的涌动下，也没有放弃这份经济收入不高的事业，而是凭着爱菊的热情，认真努力地完成了每年的菊花培育工作。在每届菊展中，他们都用心记录下各类品种菊的表现，哪个品种生长健壮，哪个品种可以丰富菊展的色系，哪个品种花型比较优美等等，不断尝试培育新品种，日积月累之下，总结了丰富的实践经验。2013 年，万山红遍、金龙献血爪、风飘绿绮等品种被选送参加全国第十一届菊展，并且取得了金奖的好成绩。

## 二、花坛主题与布展技艺与时俱进，融合各种科技因素

太原市菊展每届都会求新、求变，并要贴近时代发展主题、体现三晋文化等，但表现形式要深入简出，雅俗共享。

不论是展台还是大型立体花坛，布展技术与方法都逐年更新。造型结构从最初的粗重走向轻灵，科技含量不断增加。从起初的平面摆花，到如今的立体花坛；从单纯的植物造景，到声、光、电、雾结合各种材质的应用；从平面图纸设计到 3D 打印模型设计，造型上更加活泼多样、栩栩如生；构思也更加精巧，花坛主题和时代、社会的发展息息相关。在各类技术与构思的支撑之下，以菊类为主材，辅以其他各类花卉，力求色彩鲜艳，搭配协调，视觉效果良好，以植物造景的手法，为广大市民创造出美丽的景观。布展技艺在数十载的传承与融合下，不断进步与精进。

从 1987 年的“秋菊佳色”、2002 年的“快乐家园”到 2010 年的“菊香满城”、2011 年的“迎中博”，再到 2013 年的“菊韵龙城”、2015 年的“中国梦”，2016 年的“菊颂和平”，大大小小的菊花景点不仅是金秋赏菊的好去处，也映射着时代的缩影，成为了太原人生活印记的一部分。

在菊花布展期间，除了精心的设计与施工，良好的养护管理也是保证花坛、展台观赏的重要前提。从最初的人工浇水、施肥、喷药逐步转向微喷、滴灌、机械打药等科技含量较高的方

图 6　2008 年“丹凤朝阳”

图 7　2009 年“晋商之路”

图 8　2015 年“菊韵”（3D 打印设计）

图 9　2015 年“中国梦”

式，确保花坛较长时间保持良好的观赏效果，在布展期间以最佳的姿态面向广大市民游客。

## 三、外修内炼，在展出中不断总结经验，于交流中发展晋派菊花文化

太原市菊花展展出时间一般为 1 个月，由园林局所属各单位进行布展，在布展期间，市园林局公园处会在品种菊培养及展台布展方面经验丰富，组织技术突出的专家、技师对品种菊及展台、景点进行细致、全面的评比。评选出优质的品种菊和构思独特、主题明确、布展形式新颖的花坛，并以此为标杆，不断推陈出新，为菊展事业的不断发展提供坚实的基础和新的起点。

## 四、屡创佳绩将成为菊花展不断前行的动力

一分耕耘，一分收获。多年的积淀为太原市菊花事业迎来了一次又一次的肯定。

从 2004 年开始，太原市精心培育的菊花品种在全国菊展上崭露头角，不负众望，荣获多项大奖之后。第八届中国（上海）菊花展，室外景点、展台布置、专项品种、案头菊、盆景菊、悬崖菊、大立菊、插花艺术、百菊赛 7 个项目获奖；其中，充分展示城市风貌的室外景点“锦绣太原”获得展览会金奖，“白鹭横江”品种菊获展会金奖。第十一届（北京）菊展，太原市喜获 11 个奖项，其中，展示山西晋商文化风采的室外景点“商道”获金奖，室内展台金奖、百菊赛一等奖，“风飘绿绮、万山红遍”获专项品种标本菊金奖。第十二届中国（荆门）菊花展览会上，太原喜获室外景点大奖和标准展台大奖，并且获得百菊赛银奖、盆景菊（附生）2 项铜奖，共获得 5 个奖项。2016 年唐山世界园艺博览会国际精品菊花竞赛中，荣获“栽培技术竞赛盆景菊类”金奖 2 项，“栽培技术竞赛盆栽小菊类”银奖 2 项，“栽培技术竞赛品种菊类”银奖 2 项，“栽培技

图 10　2015 年“司马光砸缸”

图 11　2016 年“龙凤呈祥”

图 12　2016 年“菊颂和平”

图 13　荆门菊展太原品种菊展台

图 14　荆门菊展太原室外景点

术竞赛案头菊类”银奖 1 项。

年复一年的太原市菊展，已经成为养菊、爱菊人展花、赏花达成心愿的平台，成为比拼与展示菊花技艺和布展手法的竞技场，更是中国传统菊花文化与科技、社会风尚碰撞后张扬魅力的舞台。

太原市菊花展在园林人不忘初心的坚守下，在传承与发展的融合中，历时 62 载，收获了很多认可和赞誉，也承载着更多希望和期盼。在一代又一代园林人心血的浇灌下，相信太原市菊花展将会不断推陈出新，精益求精，从而走向更加辉煌灿烂的未来。

# 开封市汴京公园秋菊春展情况介绍

开封市汴京公园　李大寨　郝凤

开封地处中原腹地、黄河之滨，是我国著名的八朝古都，黄河故道的频繁更迭，形成“城摞城”的独特历史遗迹，尘封了许多故事。开封菊花的历史亦是源远流长，唐朝即有“家家菊尽黄，梁园独如霜”的菊花诗传世，到了宋代，菊花更是得到了飞跃式发展，不仅有了中国第一部《菊谱》，开创了重阳节举办菊花花会的先河，有了斗菊之说，而且还有菊花养殖技术的具体表述，嫁接技术已经在此时得到运用。

中国开封菊花文化节前身为中国开封菊花花会，始于 1983 年，2013 年升格为国家级节会，更名为“中国开封菊花文化节”，由住房和城乡建设部和河南省人民政府主办。

汴京公园是中国风景园林学会菊花分会的理事单位，多年来以一流的大立菊养植技术走在开封养菊事业前列，曾多次在世博会和全国菊展上荣获多项大奖。近年来培养了一批优秀的菊花养植专业技术人才。为了传承创新开封的养菊文化，汴京公园养菊人田六胜与园林工程师郝凤、“菊花新星”张燊共同组建了菊花课题组，田六胜任组长。课题组同河南大学生命科学学院王子成教授、开封市菊尚源商贸有限公司通力合作，共同开展了菊花花期调控研究，并建立了育苗基地。

经过两年多时间成功培育出反季节菊花并批量生产，实现了“秋菊春展”的预期目标，并于 2017 年 4 月 26 日～5 月 31 日，在整修一新的汴京公园动物园推出了首届秋菊春展。

反季节菊花栽培需要光、温、水、肥、土等均衡调控，才能达到良好的观赏效果，也有了秋花春开的契机。我们运用长日照处理、短日照处理、低温储藏、增温促长、喷施激素等方法，使秋天的菊花在春夏交际时如约开放，而且花色各异，千姿百态，填补了春季菊花观赏的空白。

秋菊春展得到了多位领导的关心，开封宋都古城文化产业园区领导多次视察菊花生长情况，指导展会筹备工作。秋菊春展也得到了菊花领域专家的重视，2017 年 4 月 17 日，住房和城乡建设部专家委员、中国风景园林学会菊花分会名誉理事长张树林、中国风景园林学会菊花分会理事长刘英、会长郭忠义、副会长张玉发专门召开座谈会，听取了菊花生产、展会筹备、合作模式等的汇报。4 月 26 日开幕当天，郭忠义会长和多位领导前来参加开幕式，开封市节会办主任李红宁主持，开封宋都古城文化产业园区管委会主任王纪山致辞，开封市人大副主任于吉良宣布首届秋菊春展开幕！

## 一、布展情况与特色

此次汴京公园“秋菊春展”设置在公园尚艺武坊广场和动物园内，花卉布展采取虚实相间和“点”、“线”、“面”结合形式，依托展区内城墙、高大乔木、灌木、竹林、草坪、游园路径、水禽湖以及园林小品，布展面积 50 余亩，设置展线两条、景点 10 余个，并呈现出以下特点：

1. 菊花品种数量繁多

此次展会共布展菊花 3 万余盆、陪衬花卉 1 万余盆。其中，展出菊花品种有“骏河的舞”、“春日剑山”、“霞光四射”、“唐宇雅姿”、“一枝浓艳”、“红衣锦绣”等 100 多个，小冬菊品种 30 多个，悬崖菊、盆景菊等 100 余盆，“十二生肖”和“大象”、“热带鱼”、“天鹅”等艺菊动物造型 100 多个，陪衬花卉品种有“一串红”、“万寿菊”、“矮牵牛”等10余个。

2. 景点布展寓意巧妙

如在“丝路花语”、“舐犊之情”、“蝶恋花”等景点内，巧妙设置采用“景天”、“佛甲草”以及“带蕾菊花”扦插而成的“骆驼”、“长颈鹿”、“海豚”、“蝴蝶”等动物造型，以突出“动物世界”；以童话故事中的卡通形象为依据，设置了“金猴闹春”、“熊出没”、“白雪公主”等景点，以突出童趣；在“花港观鱼”、“金丝雀”等景点内植入“鱼缸”、“鸟笼”等元素，以突出“花鸟鱼虫”的鲜活与生动。

3. 精品菊花与艺术插花同场亮相

共有百余种精品菊在精品菊展台展露风采，花色艳丽，夺人眼球；由公园职工精心制作的艺术插花作品集中展示，千姿百态，构图新颖。

## 二、社会经济效益

汴京公园秋菊春展是一次技术革新。通过与河南大学生命科学学院的深入合作，利用先进栽培技术让原本应在金秋时节绽放的菊花在春季绽放，品种100多种，数量万余盆，并以展会形式呈献给游人，开创了我国春季大规模室外展出菊花的先例，得到中国风景园林学会菊花分会领导的高度评价。

本次展会还创造性地把汴京公园的菊花品牌和动物园品牌有机结合在一起，展示了动物与园林相结合的生态之美，为开封菊花养植培育的光荣传统做出了贡献，丰富了开封广大市民和外地游客春季文化生活，展示了古城开封“中国菊花名城”的亮丽风采，取得了良好的社会效益和经济效益。

## 三、不足之处

由于此次是首次大规模的春季菊展，时间紧迫，经验不足，因此也存在一些问题，需要在以后的工作中加以改进，主要有以下不足之处：①展出规模不大，展出形式不够多样化；②宣传力度需要加强；③缺少游客互动项目与演艺内容；④争取政府的支持不够，今后需要争取政府的更多政策支持与资金扶持。

## 四、发展方向

1. 要进一步选育适于反季节栽培并适合规模化生产的优质菊花品种，进一步丰富菊花展出形式，扩大生产培育规模。实施“走出去”战略，将开封的春季菊花展推向全国各地，让开封春季菊花发扬光大，巩固开封菊花名城的地位。

2. 加大宣传力度，利用市节会办和文化产业园区的宣传推广平台，提前宣传预热，提高知名度。积极接洽旅行社、新闻媒体、各网络平台、摄影协会等社会团体，创新营销模式。

3. 突出园林小品，打造立体景观，将宋文化与菊花文化结合起来，丰富展会期间演艺节目和游客互动项目，提高游客参与度与美誉度。

4. 争取各级政府的政策支持与资金扶持，解决投资生产的后顾之忧。

最后，再次诚挚邀请各位领导、各位菊花界同仁来汴京公园参观指导！

菊花文化节

# 菊花文化节对开封城市发展的推动作用

马超

近年来全国各地菊花展的成功举办，菊花的品牌影响不断扩大，菊花产业的链条逐渐拉伸，其经济效益、社会效益和生态效益日趋显现，在优化农业产业结构、促进城乡统筹发展、改善人民生活环境、提高人民生活质量等方面，发挥着越来越重要的作用，同样也反映了我国经济建设的辉煌成就，体现了我国菊花产业蒸蒸日上的大好形势，助推了我国人民精神文化生活更加的丰富多彩。

## 一、开封菊花文化的历史渊源

菊花为当今世界名花之一。中国种植菊花已有 4000 多年的历史，这在夏代（公元前 2070 年）农事历书《夏小正》九月中称“荣鞠树麦，时之急也”；先秦古籍《山海经》中已出现“女儿之山，其草多菊”的描述；春秋时期又有“季秋之月，鞠有黄花”的记载。

菊花是开封的市花，开封人民爱菊、养菊、赛菊的传统由来已久。唐代时期，菊花在开封已广泛种植，并作为重要的观赏花卉，唐代诗人刘禹锡的“家家菊尽黄，梁园独如霜”，诗句中的“梁园”即今的开封禹王台公园；北宋孟元老《东京梦华录》中记载：“九月重阳，都下赏菊有数种……无处无之。”当时的东京开封，每逢重阳佳节，不仅民间有花市赛菊，而且宫廷之内也争插菊花枝、挂菊花灯、饮菊花酒、开菊花会。当朝皇帝逛菊会，与民同乐，共庆太平盛世，拉开了举办菊花花会的先河。刘蒙于北宋崇宁三年（1104 年）著成我国第一部菊花专著《菊谱》，收录菊花品种 35 个，并详述其形、其色。明清时期，民间养菊、赏菊之风更加盛行，明代诗人李梦阳“万里游燕客，十里归此台，只今秋色里，忍为菊花来。”的诗句，可为佐证。乾隆皇帝南巡曾来到开封，并在禹王台留下了“枫叶梧青落，霜花菊白堆”的诗句。

## 二、中国开封菊花文化节概况

中国开封菊花文化节是由住房和城乡建设部、河南省人民政府主办，中国风景园林学会、河南省住房和城乡建设厅、开封市人民政府承办的国家级节会。自 1983 年起，至今已成功举办了 34 届。其发展历程可划分为三个阶段：第一阶段是 1983 年，开封市第七届人大常委会第 17 次会议命名菊花为开封市市花，并规定每年 10～11 月为“菊花花会”会期。1999 年，在昆明世界园艺博览会上，开封菊花荣获大奖总数第一、金奖总数第一、奖

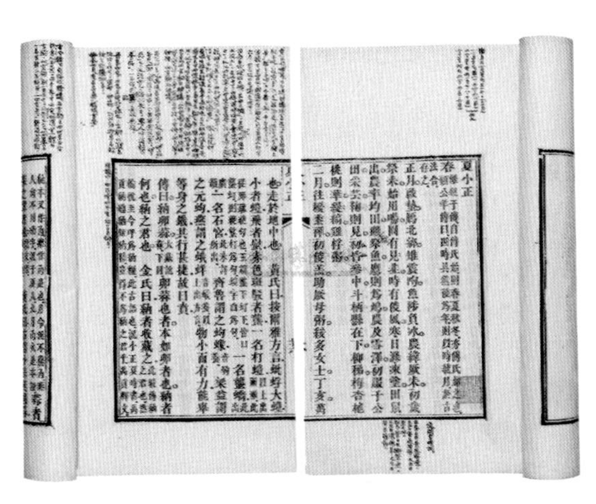

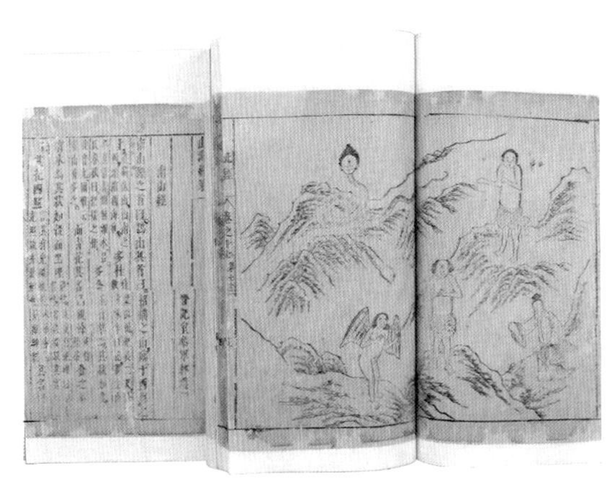

图 1　菊花的历史记载

图 2　刘禹锡与禹王台公园

图 3　菊花基地

图 4　电视媒体热烈报道

牌总数第一的好成绩，10 月 10 日香港大公报以整版的篇幅报道了“开封菊花甲天下”的盛况；第二阶段是 2000 年，经河南省人民政府批准，开封菊会由市级节会上升为省级节会，并提前于 10 月 18 日开幕。2012 年，开封市第十二届人大常委会第 23 次会议决定将“中国开封菊花花会”更名为“中国开封菊花文化节”，使其承载更多的内涵，推动文化产业快速发展；第三阶段是 2013 年，菊花文化升格为国家级节会。据不完全统计，目前开封全市各类菊花种植达 4000 余亩，年销售额 2 亿元以上。菊花文化节的成功举办，为开封菊花种植基地的快速发展带来了更为直接的推动作用，为开封催生了一系列菊花相关产品的研发

图 5　提升经济收入

和推广，最终在开封形成了一个特色产业，同时丰富了菊花文化节的文化内涵。

1. 对城市发展的影响

历届菊花文化节，以菊会搭台、文化引领、经贸唱戏，为扩大宣传效应，展示开封形象，促进文化产业和招商引资，发挥了巨大的推动作用。通过菊花文化节，开封将诸多文化元素融入城市建设之中，更积极、更自觉、更主动地开展城市品牌传播活动，在更高的水准上策划举办大规模、有影响力的大型文化节会，展示和树立城市良好的品牌形象，促进了开封经济文化发展，加快了国际文化旅游名城的建设步伐。历经 34 年的打磨，开封菊花文化节的品牌影响逐年提升，获得了诸多荣誉，还伴随着城市经济的增收。同时，菊花文化节连续成功举办，使开封的文化不再隐藏在书本中、静止在古迹上，而是“活”了起来，变得光彩照人、魅力无限，并逐步走向全国，辐射国际，从而提升开封甚至全省、全国的文化软实力。比如，去年菊花文化节期间，仅一个月开封就接待游客 520 万人次，旅游总收入达 32 亿元。在经贸洽谈方面，共有 101 个经贸合作项目签约，总投资 815.5 亿元。

2. 对各地游客的吸引

在菊花文化节的影响和带动下，开封的养菊技术获得了飞速的提高。在国内外各项花卉、菊花专项评比中，开封菊花屡获佳绩，依托开封厚重的文化底蕴，结合精美的盆景艺菊造型，菊花版《清明上河图》一经问世，几经提炼与拔高，广泛吸引了游客与业内人士的关注，极大地促进了交流合作。近年来，中国开封菊花文化节由“政府主导”逐步转向“政府服务、市场化运作”。菊花文化节的一个显著特点就是全民的主人翁意识明显增强，参与积极性进一步提高。菊会中的各项文化活动，诸如中国收藏文化系列活动、菊花相关作品摄影展、民俗文化艺术展演、咏菊诗词大赛、菊花优秀书画作品展、吉尼斯世界纪录创建等活动，都离不开基层单位和人民群众的广泛参与、支持和配合。从 2010~2016 年，开封菊花连续七年都创造了与菊花相关的吉尼斯世界纪录。即 2010 年，创建了“世界最长花卉结构——中华菊龙”；2011 年，创建了“世界最长的鲜花毯——中华菊毯”；2012 年，创建了“世界上规模最大的书法课——千人书菊”；2013 年，创建了“世界上最大的鲜花毯”；2014 年，创建了“世界上品种最多的菊花展”；2015 年，创建了“世界上嫁接品种最多的大立菊”；2016 年，创建了“世界上同一题材邮票数量最多”的吉尼斯世界纪录。这是荣誉、是知名度、也是开封菊花界人才和集体智慧的展现。每年的菊花文化节都有国家级领导来汴视察指导，领导们亲切视察着菊花文化节的盛况，全国各大媒体紧随其后热烈报道，充分说明了菊花文化节这个花展是成功的、美好的、正能量的、受人喜爱的。

图 6　游客关注度极高

图 7　菊花摄影展

图 8　菊花书画展

图 9　吉尼斯世界纪录——“中华菊龙”

图 10　吉尼斯世界纪录——“中华菊毯”

图 11　吉尼斯世界纪录——“千人书菊”

图 12　吉尼斯世界纪录——“美丽中国”

图 13　吉尼斯世界纪录——“千菊竞艳”

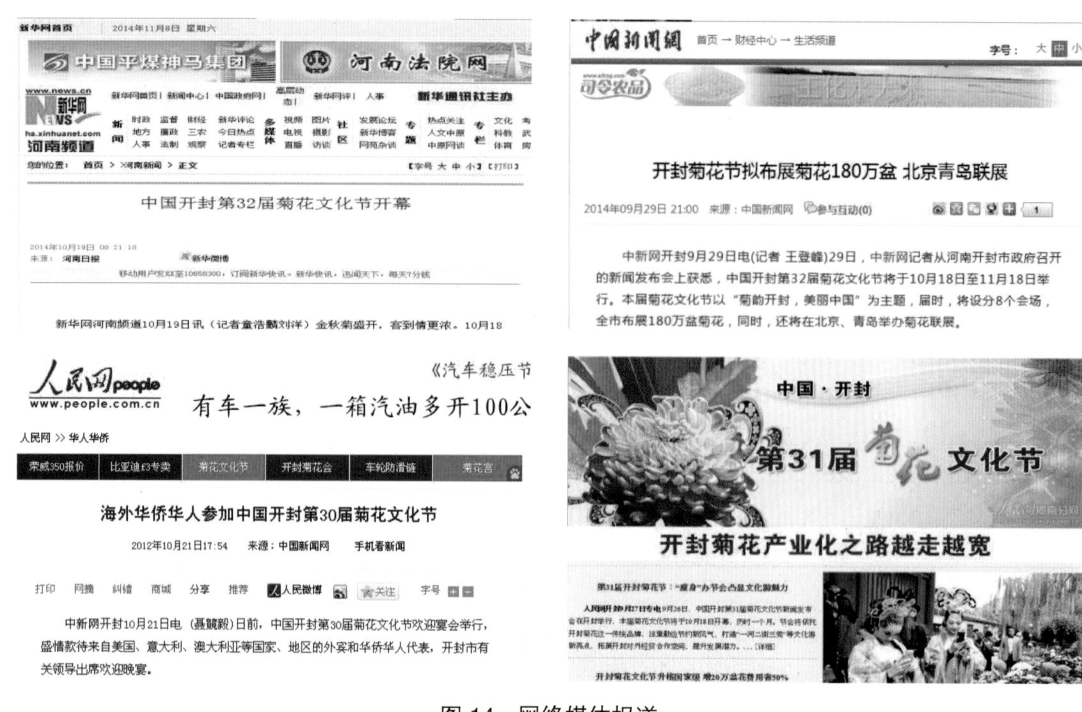

图 14　网络媒体报道

3. 对相关产业的推动

菊花文化节的成功举办，为开封菊花种植基地的快速发展带来了更为直观的推动作用，为开封催生了一系列菊花相关产品的研发和推广，最终形成了一个特色产业；另一方面又为菊花文化节丰富了文化内涵、充实了经济底蕴。目前，我市对菊花相关产品进行了进一步研发和生产，增加了附加值，菊花酒、菊花茶、菊花香皂、菊花枕头、菊花精油、菊花糕点、菊花菜肴等菊花产业延伸产品深得消费者喜爱；《菊谱》、《开封菊花志》成为了国内重要的菊花文献资料；《菊花邮票》收录菊花品种 1606 个，成功创建吉尼斯世界纪录。在此基础上，成立了开封市菊花文化产业发展协会，不仅仅在产业上对菊企进行服务，对花展进行宣传推介，积极走出去办展办会，提高了知名度。更大程度上，还重视菊花文化的传播，以文化为基础，进一步推动我市菊花产业转型升级。在菊花文化节的带动下，在菊花文化产业发展协会的引导下，开封菊花文化产业的发展更是蒸蒸日上，在推动经济文化快速发展的同时，更为菊农和企业带来收益，达到了节会“惠民”的真正目的。

菊花展也是推动菊花产业发展的催化剂。依托开封优质的生长环境、水土和人才的得天独厚，菊花产业旺盛，质优价廉，服务一流。目前，开封市菊花销售企业已有 40 余家，从业人员近万人，菊花产品远销北京、上海、西安、济南、杭州、武汉、新疆、辽宁、河北等全国各地，并出口销售到国外。花展成为地区间、企业间、生产与消费间花卉交流的桥梁。花展期间的展示，对会后的交易量都是可观的，花展搞活了菊花市场，壮大了地方经济，成为国民经济发展的一支重要组成部分。通过参观花展刺激了广大消费者的花卉消费意识，从而繁荣了花卉市场，带活了一大批产业公司，为中州大地的菊花事业贡献了力量。

4. 对公园收益的带动

公园是菊花文化节最直接的受益者。由于开封从第一届菊花文化节开始就是在公园里举办的，所以历年的传统就是公园为主会场，开封城市街道为陪衬的模式发展至今。开封菊花文化节有五个主会场，设在龙亭湖风景区（包括龙亭公园、清明上河园、铁塔公园、天波杨府、中国翰园），有八个分会场（包括开封府、相国寺、万岁山、包公祠、山陕甘会馆、禹王台公园、延庆观、中国菊园）。同时，各公园采取差异化竞争模式，菊花文化节期间各公园特色突出，各有亮点：龙亭公园突出中华菊王争霸赛；清明上河园突出国际菊花展；铁塔公园突出南方菊花园林布展特色；中国翰园突出菊花插花艺术展；天波杨府突出“千菊进千家”，各自有不同代表的花事活动吸引眼球。花展的好处如此之多，各大公园积极融入花展阵容，大力投入资金，提升菊花规模。人们在观赏菊花的同时，徜徉在各大公园中，这对公园的认知、名声的提高、门票的增收、景观的美化都是最直接的影响。

图 15　菊花产业衍生产品

图 16 《菊谱》

图 17 《开封菊花志》

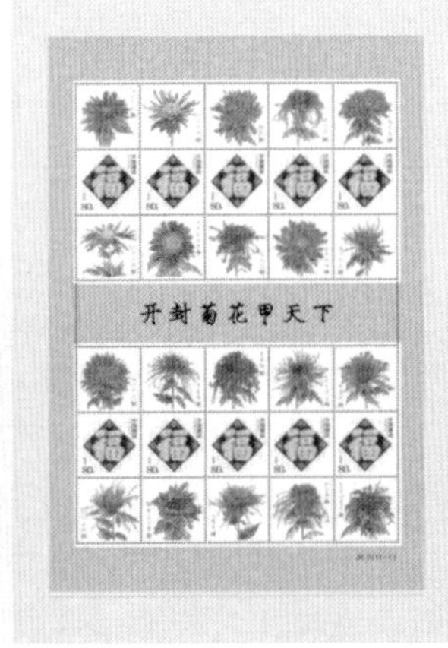

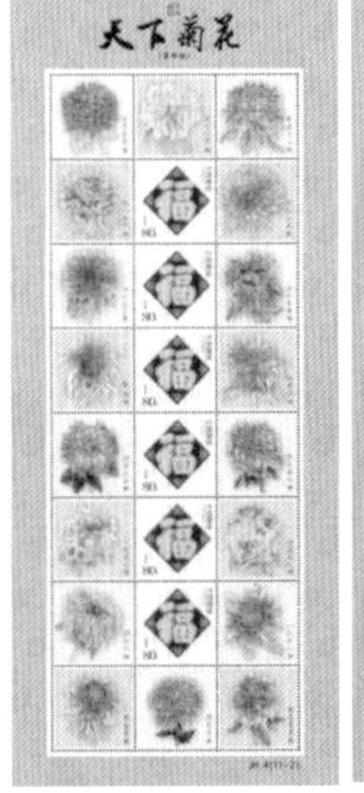

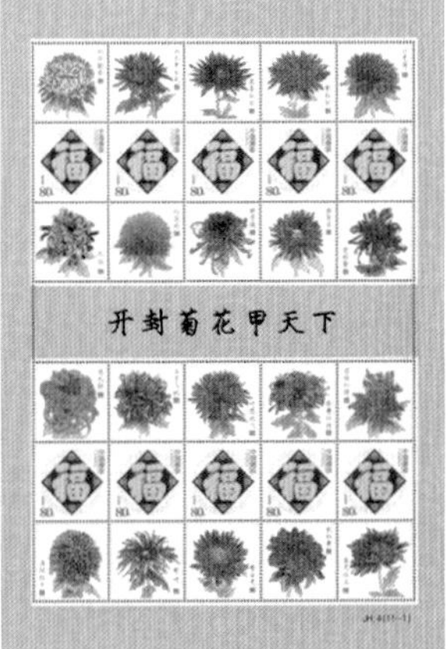


图 18　菊花邮票

图 19　开封市菊花文化产业发展协会合影

图 20　观赏菊成为产业

二龙戏珠（2013 年中国开封第三十一届菊花文化节龙亭公园广场主景点）

金蛇闹菊（2013 中国开封第三十一届菊花文化节清园广场主景点）

图 21　开封腾达五色草园艺公司作品

图 22　开封前方园艺有限公司作品

图 23　金菊花木种植有限公司作品

图 24　龙亭公园

图 25　清明上河园

图 26　铁塔公园

图 27　接引殿展览区

图 28　古文化寺文化

图 29　中国翰园

开封府

大相国寺

万岁山

包公祠

图 30　菊花文化节分会场（一）

山陕甘会馆

延庆馆

图 31　菊花文化节分会场（二）

图 32　天波杨府

图 33　菊花文化节期间各公园制作的精美室外景点

图 34　一城宋韵八朝开封

## 三、发展愿景

2017 年 5 月 8 日，李克强总理考察我市御河水系和七盛角时指出："要继续做好文化产业，要办好菊花文化节，通过菊花节会带动开封经济社会发展"。按照总理提出的"以'古'闻名，更要以'新'出彩"的指示，我们下一步将坚持创新办会，深度挖掘开封历史文化内涵，突出"一城宋韵·八朝开封"的城市形象，不断提升办会水平，做足、做活"宋文化"符号，进一步丰富菊花文化节的内涵，着力打造世界级节会活动的品牌和风采。同时，我们将继续加大开封菊花"走出去"的步伐，做大、做强开封菊花产业，扩大菊花产业在全国乃至全世界的知名度。我们将着重培养菊花相关人才，扩大养菊队伍，提升开封整体的种菊、养菊水平。

通过多年的探索实践，我们在办会方面已经积累了一些好的经验和做法，但仅靠这些经验和做法是远远不够的，还需要国内菊花界各位领导、各位前辈、各位朋友的大力支持和无私帮助，我们愿意与大家一起携手合作，共促我们中国菊花事业的繁荣。

图 35　菊花人才培养

# 菊花文化产业协会和菊企在菊花产业发展中的带动作用

开封市盛开花卉园艺有限公司　苗振宇

菊花是开封的市花，开封人民爱菊、养菊、赛菊的传统由来已久。中国开封菊花文化节，自1983年起，至今已成功举办了34届。

开封具有4000多年的养菊历史积淀和34届节会举办所带来的积极带动作用，开封的菊花产业化发展具有较为扎实的基础，尤其是近年来，开封市委、市政府高度重视菊花产业化发展，积极扩大产业规模，扩展产业链条，加快产业转型，取得了显著成效。

## 一、协会成果

2014年开封市菊花文化产业发展协会成立以来，在政府主导下、协会积极配合，在菊花文化节期间，积极策划组织了开封市斗菊大赛、菊花摄影展、咏菊诗词大奖赛、菊花瓷现场烧制暨菊花美工画作品展等以菊花为主题的文化活动，连续在龙亭公园举办中华菊王争霸赛、在清明上河园举办国际菊花展、在中国翰园举办菊花插花艺术展、在铁塔公园举办菊花盆景竞秀展，在天波杨府举办千菊进万家活动。为提升中国菊花的国际影响，还积极协助政府连续创办与菊花相关的吉尼斯世界纪录。同时，经协会积极牵头组织、与各类企业合作，衍生出来一批与菊花产业相关的产品，比如菊花茶、菊花酒、菊花瓷、菊花香皂、菊花枕、菊花绣等。本着协会引导的宗旨，除了菊花产业，在菊花文化方面也进行了深层次的挖掘，《菊谱》、《开封菊花志》、《菊花文化节会刊》成为重要的菊花文献。《菊花邮票》延伸

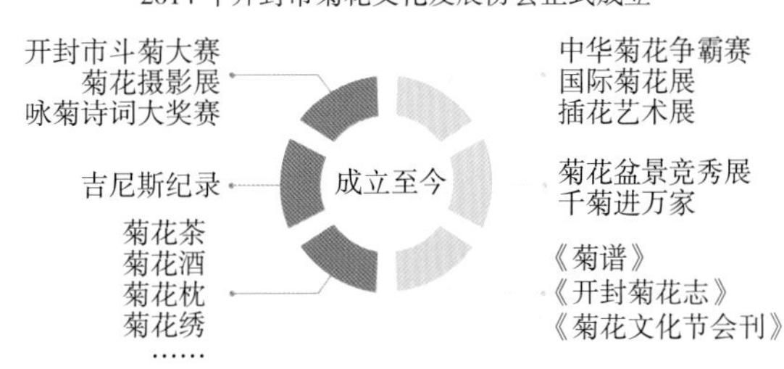


图1　开封市菊花文化发展协会

摄影展

斗菊大赛

菊花瓷现场烧制

中华菊王争霸赛

菊花插花艺术展

菊花盆景竞秀展

图2　协会活动

了菊花的认知。

在市政府节会办的带领下，协会组织将开封菊花“走出去、请进来”，扩大交流合作，积极组织参加北京、上海、杭州、武汉、青岛、昆明等全国各大城市的菊花联展，提高了开封菊花的知名度，也为后来吸引外来资源打下了良好基础。

开封菊花文化产业发展协会通过不断的努力，不仅提高了开封菊花的知名度，公园景区的收益也在逐年增加。另外，菊花文化节所产生的社会效益与经济效益，越来越被众多企业关注，投资节会活动已逐渐成为商家以活动促进宣传的可靠方法。

为提升中国菊花的国际影响，还积极协助政府连续创办与菊花相关的吉尼斯世界纪录。

经协会积极牵头组织、与各类企业合作，衍生出来一批与菊花产业相关的产品。

在菊花文化方面也进行了深层次的挖掘，《菊谱》、《开封菊花志》、《菊花文化节会刊》成为重要的菊花文献。

《菊花邮票》延伸了菊花的认知。从 2012 年起，已发行菊花邮票 1000 枚，至 2016 年发行 1606 枚。

1. 联展 · 北京

在市政府节会办的带领下，协会组织将开封菊花“走出去、请进来”，扩大交流合作，积极组织参加全国各地联展。

2. 联展 · 杭州

3. 联展 · 上海、青岛、昆明

比如菊花文化节期间公益广告画面的冠名权、部分道路的灯杆广告及其他类型广告。这些丰富多彩的企业行为，为开封经济的发展增添了众多活力。

图 3　一株大立菊开出 641 个品种、1000 多个花朵

图 4　千菊竞艳

菊花茶

菊花酒

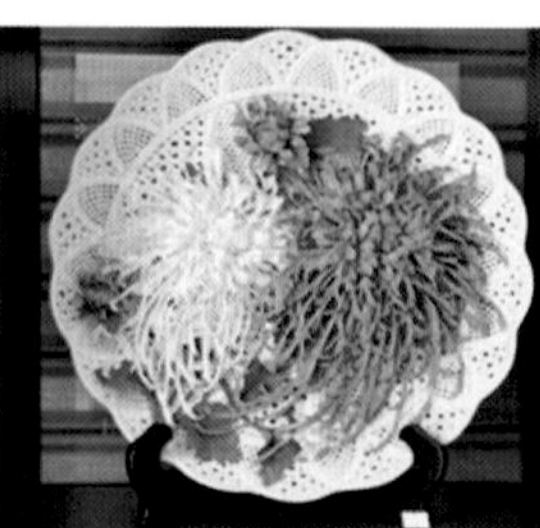

菊花瓷器

菊花枕

图 5　菊花衍生品

图 6　北京联展

图 7　杭州联展

图 8　上海、青岛、昆明联展

图 9　菊花公益广告

## 二、菊企成就

1. 开封实力菊企对外合作工程案例与合作模式。

2. 菊企对农户增收的带动作用。

3. 对开封菊花文化的推动、菊花产业化的发展、城市景观效果的提升发挥巨大作用。

## 三、协会发展规划

1. 积极邀请菊花分会权威专家对开封菊花布展工作以及在全国的合作平台进行指导，确保协会和菊企能随时接收到全国最前沿设计理念和最先进布展技术。

2. 对外扩大宣传，加强合作。一是协会借助国家、省各级媒体资源，宣传推介开封菊花、开封菊企；二是菊企要积极与外地联办菊展，使开封菊花真正“走出去”。

3. 建立完善协会官方网站，打造成为全国最具权威的菊花交易展示平台，宣传开封菊花和开封本地的菊艺新星，并进行授星评价。

4. 人才培养。在中国菊花分会的关心和支持下，开封市有中国菊艺大师 8 名，中国菊艺新星 8 名。在开封市政府的关心和支持下，开封市有高级菊艺师 10 名、菊艺师 20 名和菊艺能手 30 名。养菊人才储备丰富，但还是无法满足菊花产业蓬勃发展和菊花文化宣传推介的需要，特别是菊花文化研究、基因技术等高层次人才在开封还属于弱项，协会和菊企要加强对菊花高端人才的培养，并充分利用高等院校、科研院所的人才资源，培养不同层次的花卉人才。多层次、多渠道开展评比、布展设计等技能比赛，不断提高菊花产业从业人员的综合素质。

5. 服务保障。协会要加强对菊企的服务，协调菊企在发展过程中遇到的各种矛盾和困难，协调菊企和当地政府的融洽相处、保障

图 10　邳州市沙沟湖公园菊花展

图 11　协会网站

图 12　自主创新的菊花产品

菊企在对外布展合作过程中的合法权益，同时对企业的信誉及工程质量也要严格监管，防止出现质量及信誉问题。

6. 坚持科学研究和自主创新。企业要加强对菊花新品种的研发和栽培技术的创新，不断促进开封菊花产业的发展、提高菊企核心竞争力。

7. 坚持经济效益、社会效益和生态效益兼顾的原则。发挥开封菊花产业在全国知名度优势，积极开展对外合作、实行走出去战略，实现共赢；但是实现经济效益的同时，要发挥菊花文化优势，促进社会和谐；发挥菊花美化环境优势，改善居住环境。

8. 目前，协会 AAAA 级企业有 9 家，AAA 级企业有 13 家，这些企业都已成为开封菊花产业的标榜。

在中国菊花分会的领导下，在各位领导、专家、同仁的关心支持下，我们将进一步研究、探索与创新，下一步将创办菊花集团，将有实力、信誉度高的企业纳入菊花集团成员，授予菊花集团称号，为中国菊花事业的发展贡献我们的力量。